AF452987

...GRICOLE

SOUTENUE PAR

AUGUSTE RADAN,

A

L'INSTITUT AGRICOLE DE BEAUVAIS

Jamais aucune branche de l'esprit humain n'a demandé plus de travail, de bon sens et de modestie que la science agricole ; aucune ne présente plus de difficultés, car elle nous ouvre ses mille routes séduisantes sans nous en indiquer d'infaillible, et c'est du jugement de chacun, de son libre choix que viendront la gloire ou l'insuccès, la richesse ou la ruine.

Marquis DE DAMPIERRE.

AUBUSSON

HENRI BOUCHARDEAU

IMPRIMEUR - ÉDITEUR

◆

M DCCC LXXXVI

THÈSE AGRICOLE

PAR

AUGUSTE RADAN

JUILLET 1886

THÈSE AGRICOLE

SOUTENUE PAR

Auguste RADAN

A

L'INSTITUT AGRICOLE DE BEAUVAIS

Jamais aucune branche de l'esprit humain n'a demandé plus de travail, de bon sens et de modestie que la science agricole ; aucune ne présente plus de difficultés, car elle nous ouvre ses mille routes séduisantes sans nous en indiquer d'infaillible, et c'est du jugement de chacun, de son libre choix que viendront la gloire ou l'insuccès, la richesse ou la ruine.

Marquis DE DAMPIERRE.

AUBUSSON

HENRI BOUCHARDEAU

IMPRIMEUR-ÉDITEUR

M DCCC LXXXVI

A MON PÈRE & A MA MÈRE

A MON FRÈRE & A MA SŒUR

A MES PROFESSEURS

A MES AMIS

PRÉFACE

Rien n'est meilleur que l'agriculture, rien n'est plus
doux, rien n'est plus fécond, rien n'est plus digne
d'un homme libre.

CICÉRON.

L'agriculture française traverse de si mauvais jours, l'avenir
parait si sombre, que vraiment c'est peut être prétentieux, de la part
d'un jeune homme inexpérimenté, d'entreprendre la discussion d'un
sujet de thèse agricole.

Ordonner, organiser sur le papier des spéculations, supputer
des chiffres qui demain ne seront peut être plus exacts, n'est ce
pas s'exposer à des mécomptes !

Cependant nous avons pensé qu'il fallait surmonter ces craintes
quelque fondées qu'elle paraissent. Il nous a semblé qu'un jeune
homme élevé dans une bonne école d'agriculture, ayant un goût
prononcé pour la carrière agricole, ne devait pas désespérer de lui-
même et de l'avenir.

Nous aurons au moins la satisfaction de témoigner à nos chers
maitres que nous avons suivi consciencieusement leurs leçons et que
nous voulons mettre à profit leurs excellents conseils.

Puis nous avons confiance dans l'indulgence de nos juges. — Les
critiques, les remarques qu'ils voudront bien nous faire, seront de
précieux enseignements que nous serons heureux de mettre à profit.

PROJET DE THÈSE

Vous êtes propriétaire à Neuillay-les-Bois, canton de Buzançais, d'une exploitation de 100 hectares dont 70 hectares de terres labourables, difficiles à travailler, 4 hectares de prairies naturelles et 26 hectares de bois taillis.

Les bâtiments sont en bon état.

La main d'œuvre est difficile et chère.

Les débouchés sont faciles ; plusieurs grandes routes desservent la localité.

A 10 kilomètres se trouve la station de Luant (chemin de fer de Paris à Limoges).

Vous avez un capital de 60.000 fr.

Quels résultats financiers espérez-vous obtenir au bout de 5 ans ?

ANNEXES

1° *Zootechnie*. — Décrire les conditions hygiéniques dans lesquelles sont placés les animaux dans le département que vous habitez Quelles sont les améliorations à apporter à l'état de choses actuel ?

2° *Questions de droit*. — Des champs que vous cultivez sont enclavés au milieu d'autres propriétés et n'ont pas d'issue sur la voie publique.

Comment obtiendrez-vous la faculté d'aborder sur la voie publique ?

Vous voulez fixer par des bornes les limites de ces terres.

Vos voisins se refusent à un bornage amiable.

Avez-vous le droit de les contraindre ? En cas d'affirmative quelle procédure suivrez-vous pour exercer ce droit ?

3° *Question d'horticulture*. — Quelle est la culture des divers légume que vous pourriez faire pour l'exportation ?

THÈSE AGRICOLE

GÉNÉRALITÉS

SUR LE DÉPARTEMENT DE L'INDRE

La Commune de Neuillay, sur le territoire de laquelle se trouve l'exploitation que j'aurai à diriger, occupe à peu près la partie centrale du département de l'Indre, un peu au sud-est du canton de Buzançais dont elle fait partie.

Une étude succincte de la contrée ne me semble pas inutile. — Elle m'aidera à trouver les spéculations agricoles que je dois adopter et les moyens que je devrai employer pour les mener à bonne fin.

Le département de l'Indre, situé dans la région centrale de la France, a pris son nom du principal cours d'eau qui le traverse diagonalement du sud-est au nord-ouest, en le divisant en deux parties presque égales. L'aspect en est varié ; pays de plaine au nord, accidenté au sud, il offre aux regards de l'explorateur des sujets d'étude intéressants.

La région connue sous le nom de Bois-Chaud qui comprend les arrondissements de la Châtre et du Blanc, forme un pays montueux, entrecoupé de bois et de haies, et est très accidenté dans sa partie méridionale.

La Champagne forme une bonne partie de l'arrondissement d'Issoudun et une petite portion de celui de Châteauroux. C'est une plaine monotone, triste ; c'est là que l'on trouve les grandes exploitations agricoles.

La Brenne qui forme la partie occidentale est moins étendue que la Champagne, elle n'occupe guère qu'un dixième du département de l'Indre. Elle forme une sorte de bassin argileux, presque imperméable, et n'offre aux regards qu'une interminable succession d'étangs et de marais à la surface desquels se condensent souvent d'épais brouillards.

CLIMAT

Le climat du département de l'Indre est généralement doux, la température est sujette à des variations brusques ; les pluies sont fréquentes en automne et en hiver. Les vents dominants sont ceux du sud-ouest, du nord-est et du nord-ouest, ce dernier est le plus violent et porte le nom de Galerne.

SUPERFICIE. — POPULATION

La superficie du département de l'Indre est de 679.530 hectares et sa population de 270.000 habitants, ce qui ne fait guère que 40 habitants par kilomètre carré.

Cette population se compose d'environ 183.000 cultivateurs ; 60.000 industriels ou commerçants et 23.000 sans profession définie. La population agricole est donc de beaucoup la plus nombreuse. Elle est encore assez réfractaire aux progrès de la science ; les cultivateurs se renferment trop dans une routine que condamne l'expérience, et le sol ne rend pas tout ce qu'il devrait donner ; espérons que l'influence des hommes de vrai progrès, par les comices agricoles, par les bons exemples, amènera des transformations désirables.

Malgré les médiocres procédés de culture, la terre produit en céréales au delà des besoins de la consommation départementale et pour une valeur qui dépasse 30 millions de francs. Après les céréales, nous devons citer les vignes qui donnent un vin gris assez estimé. Les arbres fruitiers y sont nombreux et d'un assez bon rapport.

Beaucoup de terrains restent vagues, incultes, surtout dans les arrondissements du Blanc et de Châteauroux, et il existe encore 10,000 hectares de marais susceptibles d'être desséchés ; cependant quelques améliorations sont tentées en ce moment dans les territoires insalubres de la Brenne et amèneront la suppression de vastes et inutiles étangs.

Les nombreuses forêts sont une source de richesse pour le département. Elles occupent les parties supérieures des collines et des vallées. Les principales sont celles de Châteauroux, de Niherne, de Gatine, de Lancosme, etc. Leurs principales essences sont : chêne, orne, frêne, charme, hêtre, châtaignier.

VOIES DE COMMUNICATION

Le département est traversé dans toute son étendue par deux voies ferrées qui se coupent à peu près à angle droit. Celle de Paris à Limoges par Orléans ; celle de Tours à Montluçon va rejoindre à Châteauroux le chemin de fer du centre. Un autre chemin de fer d'intérêt local va relier

Châteauroux avec le Blanc, en passant par St-Gaultier et Argenton.

Six routes nationales mettent en communication différents points du département avec le chef-lieu. Toute ces voies permettent le transport facile des produits agricoles et industriels.

Si notre sujet nous le permettait, nous pourrions montrer combien le département de l'Indre a de souvenirs historiques à enregistrer. Son histoire est des plus intéressantes.

Après ce court aperçu sur le Berry et le département de l'Indre, revenons à l'étude de la petite contrée où se trouve la ferme, objet de cette thèse.

GÉNÉRALITÉS

SUR LA COMMUNE DE

NEUILLAY-LES-BOIS ET DE SES ENVIRONS

Le territoire de la commune ne forme pas une figure régulière. Il s'étend sur une longueur de 11,000 mètres, sa largeur est de 5300 mètres, sa superficie de 4753 hectares et la population de 1000 habitants.

Il est entouré par les communes de La Chapelle Hortomale, Niherne, Luant, La Pérouille, Nuret, Meobecq et Vendœuvres.

HYDROGRAPHIE

Il n'y a pas de cours d'eau important dans la commune de Neuillay ; cependant on rencontre au nord de son territoire une petite rivière appelée Claise, se dirigeant dans la Creuse. Cette rivière prend sa source au sud-est de la commune, puis en forme la limite Est sur un parcours de 6,150 mètres ;

de la, arrivée au nord du territoire, elle change complètement de direction et le traverse de l'est à l'ouest sur un
parcours de 5000 mètres et passe ensuite dans la commune
de Vendœuvres-en-Brenne.

Elle coule dans un lit assez étroit et creusé dans une
terre argilo-marneuse. On n'y rencontre aucun galet, mais
la vase s'y trouve en très grande quantité.

Sa largeur varie entre 4 et 8 mètres, sa profondeur est
très inégale mais en général elle varie entre 0.50 et 2.50.
Ce cours d'eau se trouvant à 4 kilomètres du bourg n'a pas
grande utilité pour les habitants de l'endroit ; cependant il
sert de débouché à quelques étangs insalubres et à plusieurs
fossés d'assainissement.

La Claise a pour affluent à droite la petite Claise, la
Muanne et l'Aigronne ; à gauche le Rossignol et le ruisseau
des Cinq bondes.

Neuillay fait partie du plateau de la Brenne et en forme
la limite Est sous la dénomination de Bois-Chaud ; ce dernier
plateau présente une suite de dépressions peu profondes,
séparées par des plateaux d'une faible élévation. Il s'en suit
que les eaux se réunissent dans les parties les plus basses et
et forment des étangs qui ont à certains endroits plusieurs
kilomètres d'étendue.

Le cultivateur peut tirer partie de ces accidents de terrain
pour créer, à peu de frais, des réservoirs d'eau pour divers
usages. Les versants peuvent être assainis par des fossés
d'écoulement dirigés dans ces étangs. Les saillies prennent
parfois une importance plus grande et constituent des monticules de forme conique ou allongée. Ces monticules sont
caractéristiques de la Brenne, on les rencontre surtout
suivant une zône d'environ 8 ou 10 kilomètres de largeur
passant près de Neuillay, Méobecq, Migné, le Bouché et se
terminant à Lureuil. C'est la partie montagneuse de la

Brenne ; là se trouve la ligne de partage des eaux du bassin de la Creuse et de celui de la Claise.

Certains points de cette zône ne sont pas dépourvus de beauté ; ainsi au village du Tertre, près de Ligné, on domine une vaste et belle plaine qui s'étend jusqu'à Mézières ; du château du Boucher, bâti sur le point culminant de la contrée, la vue, franchissant d'un côté la vallée de l'Indre, découvre les coteaux crayeux de Palluau et de l'autre, franchissant la vallée de la Creuse, aperçoit les environs du Terrier-Porcher, ligne de faite des bassins de l'Anglin et de la Creuse ; puis elle se repose agréablement sur le bel étang de la Mer-Rouge situé au pied de la colline.

FORMATION
& CONSTITUTION GÉOLOGIQUE

Les monticules sont constitués par un grès dur, à ciment ferrugineux, qui affleure souvent la surface du sol ; dans ce cas ils sont d'une aridité extrème ; on les exploite dans certains villages comme moëllons à bâtir ; mais l'enduit y adhère difficilement. Lorsque ces monticules sont recouverts par une couche de terre meuble, la vigne y prospère comme on peut le voir au village du Tertre. Leur origine n'est pas douteuse ; les grands cours d'eau de l'époque quaternaire ont agi énergiquement sur le sol de la Brenne, les parties les moins résistantes ont été entrainées et ont contribué à former le sous-sol de ce pays ; les monticules sont des témoins qui nous montrent quel était alors le niveau général de la contrée.

Au point de vue géologique, la Brenne appartient au terrain tertiaire qui s'étend depuis Lignac jusqu'à la bande de calcaire lithographique que l'on voit dans les communes de Nihernes et de Villedieu. Cette bande de calcaire, d'en-

viron huit kilomètres de largeur, est interrompue par l'Indre
et se prolonge au delà.

De l'Ouest à l'Est, ils commencent aux environs de
Mézières pour finir vers Arthon, la forêt de Châteauroux et
Buxières-d'Aillac.

Dans cette étendue, relativement vaste, ces terrains ter-
tiaires sont coupés par diverses vallées assez profondes,
notamment celle de l'Allemette, de l'Anglin, de Brion et de
la Creuse. C'est à la partie comprise entre la Creuse et
l'Indre que l'on donne spécialement le nom de Brenne ; mais
au point de vue géologique il s'applique rigoureusement à
tous les pays dont nous venons de donner la limite.

Vers Briguell le grès de la Brenne repose sur des schistes
friables. On trouve également dans la même localité le
calcaire lias. A Lignac les marnes et le calcaire du lias se
voient au dessous du grès dans la vallée de l'Allemette et on
les suit jusqu'à Chaillac. Le calcaire oolitique inférieur
commence à Lignac et Chalais où on le trouve sur les deux
rives de l'Anglin, qu'il accompagne, du reste, dans la plus
grande partie de son cours. Cette rivière, très encaissée,
permet d'examiner la grande puissance de la formation
oolitique inférieure dont la portion moyenne se délite assez
facilement ; aussi est-elle employée comme marne que l'on
transporte à dos de mulet à cause des accidents de la contrée.
On rencontre le même calcaire sur les deux bords du Brion,
près d'Oulches, puis sur la rive gauche de la Creuse, toujours
avec la même épaisseur. Partout il a une structure oolitique
très prononcée ; nous y avons rencontré les coquilles et les
polypiers qui le distinguent.

Sur la rive droite de la Creuse, du côté de Scoury et de
Ciron, on passe au calcaire oolitique moyen caractérisé,
comme nous l'avons dit, par de nombreux amorphozoaires
et des rognons irréguliers de calcaires noyés dans une pâte

blanche de même composition. Sur cette rive de la Creuse, la Brenne proprement dite est entourée d'une ceinture calcaire qui appartient à l'oolite moyenne, de Tournon au Blanc et à Saint-Gaultier, et à l'oolithe inférieure vers Lothiers, Luant, Neuillay, etc. Ces formations calcaires se prolongent sous le sol de la Brenne ; en effet, à Migné on exploite comme marne le calcaire oolithique inférieur sur la route agricole qui va de la gare de Luant à Niherne ; après avoir subi une interruption, il reparait à la surface du sol au carbonnières (commune de Niherne) tout près du calcaire lithographique. Parallèlement au cours de l'Indre, c'est le calcaire lithographique qui forme le fond comme on peut le voir à Vendœuvres, Arpheuilles. Du côté de Mézières la formation repose sur les calcaires de la craie.

Ainsi, en résumé, partout au-dessous de la Brenne, se trouvent des couches calcaires de diverses époques ; en creusant on les atteint à des profondeurs variables qui souvent ne sont pas très grandes dans la Brenne proprement dite. Parfois elles viennent saillir à la surface, fournissent d'excellente marne et même de bonnes pierres de construction. On doit donc admettre que la formation tertiaire de la Brenne a nivelé le fond d'un bassin calcaire.

ROCHES DE LA BRENNE

La formation de la Brenne est spécialement constituée par du grès. Cependant on y rencontre aussi des argiles de pureté variable, des marnes, des calcaires, et quelques minerais de fer en grains mélangés avec des Argiles.

1" **Grès**. — Les grès de la Brenne paraissent s'être déposés au sein d'eaux animées de mouvements assez violents et qui tiraient certainement leur origine du plateau central ; en effet, ils ne présentent qu'exceptionnellement des indices de stratification, et de plus on n'y a point encore signalé de fossiles.

Ces grès sont essentiellement formés par des grains de quartz réunis par un ciment argileux plus ou moins abondant. Quant à l'argile, elle provient de la décomposition des feldspaths qui, parfois, se sont conservés et que l'on reconnait à leurs clivages faciles et à leur couleur d'un blanc rosé.

Avec les éléments précédents, le grès serait d'un blanc grisâtre; c'est ce qui arrive fréquemment; mais souvent aussi l'oxide de fer qui a imprégné ces grès forme de larges tachs rouges, et dans certains cas même, comme à Rosnay, communique à la masse entière la couleur lie de vin.

Les propriétés physiques les plus importantes des grès de la Brenne sont dues à la proportion du ciment argileux. Quand ce ciment est peu abondant, la roche n'a pas de solidité et passe à des sablons ou à des sables fins que l'on peut voir aux environs de Luant, Neuillay, Rosnay, etc. S'il est en proportion convenable, le grès est assez dur : les habitants le nomment *grison*; il constitue les monticules.

Enfin la partie argileuse peut dominer et donne naissance à des argiles compactes, nommées *falaises* dans le pays, qui occupent des étendues considérables aux environs de Mézières. Le grison, quand il est suffisamment résistant fournit de bonnes pierres de construction, mais le plus souvent on l'utilise pour le pavage des routes à défaut d'autres matériaux plus convenables.

2° **Argiles**. — Les argiles pures de la Brenne paraissent provenir de la décomposition des grès. Elles ont, en général, une pâte grossière mélangée de grains de quartz; l'oxyde de fer qui les colore en rouge les rend très fusibles. On trouve cependant, en différents points, des argiles blanches assez pures pour servir de terre à gazette et donner des briques réfractaires. On pourrait tirer meilleur parti de ces roches, surtout au point de vue industriel.

3" **Marnes.** — Les marnes ne sont pas rares en Brenne, puisqu'aucune localité n'est éloignée de plus de cinq kilomètres d'un gisement de cette nature. Elles sont en général fournies par les calcaires qui constituent la base de la formation. Ainsi à Lignac ce sont les marnes du lias; aux environs de Ciron, Migné, Muret-le-Ferron, Neuillay-les-Bois, la Pérouille, Luant, etc., ce sont les marnes jurassiques; vers Mézières elles proviennent du terrain crétacé.

Fréquemment les calcaires marneux ont été remaniés par les eaux pendant l'époque tertiaire. Cependant, il existe quelques marnières qui paraissent appartenir à cette période : telles sont celles de Sandillac, près de Rosnay, celles des environs de Verneuil ; il en est de même du calcaire de Douadic, dont le grain est si fin et qui est susceptible d'un beau poli. Quant à la constitution de ces marnes elle est excessivement variable ; cependant les marnes du lias sont argileuses ; celles des terrains jurassiques sont très riches en carbonate de chaux ; celles des terrains crétacés renferment beaucoup de silice. C'est une richesse agricole qui n'est pas assez exploitée pour l'amendement des terres compactes.

4" **Minerai de fer.** — Il n'est pas rare de rencontrer en Brenne des grains de minerai de fer disséminés. Toutefois, les argiles à minerai de fer exploitables ne sont un peu développées que sur la rive droite de la Claise, au Nord-Est de Mézières, puis aux environs de Neuillay et entre Lureuil et Tournon. Elles occupent la partie supérieure du grès et proviennent sans doute de la décomposition de certaines portions de ces roches assez riches en minerai de fer. Cependant la proportion de fer n'est pas assez grande pour permettre l'extraction avec bénéfice.

SOUS-SOL DE LA BRENNE

Le sous-sol de la Brenne, dont nous venons d'indiquer l'origine, consiste principalement en un mélange assez grossier de sables et d'argiles. Les grains de quartz sont abondants et leur dimension ne dépasse guère 3 à 4 millimètres. La présence de l'argile lui donne une grande imperméabilité. On cite cependant quelques endroits où le sol est sablonneux sur une grande épaisseur : tel est, à Douadic, le gouffre de Salvert, petite dépression où viennent se perdre les eaux du Suin.

Lorsque le calcaire se trouve à peu de profondeur du sol il est recouvert d'une terre de bonne qualité qui se range dans une catégorie de celles appelées *béances* par les agriculteurs. S'il est un peu plus profond, il s'annonce, quand on creuse, par une couche d'argile peu sableuse, de couleur brune.

Bien que les caractères précédents soient assez constants, nous devons faire observer que les terres produites, comme celles de la Brenne, par l'entraînement des eaux varient fréquemment dans des limites assez considérables pour qu'on ne puisse en donner une description qui s'applique à tous les cas particuliers.

SOL VÉGÉTAL DE LA BRENNE

Le sol de la Brenne est constitué en grande partie par du sable fin de couleur grisâtre appelé terre à bruyère, il est riche en débris organiques qui lui communiquent la teinte noirâtre. Suivant les localités on trouve aussi le sable blanc, fin, presque sans humus et sans argile, le sable jaune, pulvérulent, sans aucune cohésion, s'envolant au moindre souffle du vent. Ce sol a mérité d'être classé parmi les plus mauvais : en effet, l'humidité du sous-sol l'empêche de s'échauffer au printemps et sa végétation est toujours en retard. Quand arrivent les sécheresses de l'été il perd toute sa ténacité, devient sans cohésion, extrèmement perméable à la chaleur et les racines des plantes sont grillées. Joignons à cela que les engrais, alternativement soumis à une humidité extrème et à une grande sécheresse, ne peuvent subir leur décomposition normale, de plus ils sont entrainés en hiver par les eaux pluviales.

MOYENS D'AMÉLIORATIONS

L'examen que nous venons de faire du sol et du sous-sol de la Brenne conduit aux moyens d'amélioration suivants que nous appellerons primordiaux, car il ne peut entrer dans notre plan d'épuiser cet intéressant sujet.

Nous laisserons de côté les cas où le grès est très près de la surface du sol, car alors il n'y a qu'une opération profitable, le boisement. Lui seul peut préparer les améliorations ultérieures.

Dans tous les cas il faut d'abord assainir. La création des routes agricoles et le curage des cours d'eau rendront cette opération facile partout. Il faut des fossés d'écoulement ayant une pente bien régulière de manière que les eaux ne séjournent nulle part et se rendent promptement à un déversoir qui les conduit au loin. Dans bien des cas, cette eau devenant ainsi courante et saine pourra être utilisée pour la formation ou l'entretien de prairies naturelles. Car il ne faut pas perdre de vue que si l'eau des terres de bruyères n'a aucun effet bienfaisant, celle des terres cultivées est excellente et on ne doit la perdre qu'à la dernière extrémité.

En second lieu, l'introduction de l'élément calcaire sur

des sols qui en sont dépourvus, à peu près totalement, les
transformera tant au point de vue physique qu'au point de
vue de sa fécondité. Les nombreuses marnières actuellement
connues et celles que l'on découvre tous les jours commencent à rendre cette amélioration populaire et lucrative. Mais
nous devons observer que la plupart des marnes, à l'excep-
tion de celles du lias, sont des calcaires délitables ou
sableux ne renfermant que peu ou point d'argile mélangée
intimement. On ne doit donc pas compter sur elles pour
modifier profondément la nature de certaines terres de la
Brenne, car le carbonate de chaux ne possède qu'à un
faible dégré la propriété d'absorber l'eau et les liquides
chargés de matières fertilisantes, propriété que l'argile offre
à un degré éminent. Elle rendrait plutôt de mauvais ser-
vices. Il est donc indispensable d'amender directement les
terres légères par l'apport de l'argile ou d'une marne fortement argileuse. Des labours progressivement profonds suffi-
ront presque partout puisque le sous-sol est argilo-sableux.
Ces profonds labours auront encore pour avantage d'abaisser
le plan de niveau des eaux et par suite cette humidité
équilibrée de toute terre végétale. Mais, dira-t-on, le sous-
sol de la Brenne est plus improductif que le sol lui-même,
et l'observation journalière prouve que son mélange frappe
de stérilité. Nous répondrons que toujours, quand on veut
atteindre un but, on doit choisir les moyens appropriés. Ce
qui rend mauvais un sous-sol argileux, c'est qu'il n'est pas
pénétré de gaz et surtout qu'il manque de substances organiques fertilisantes. On sait que l'argile doit en absorber
une grande quantité avant que de les céder aux plantes.
Nous pensons donc que le moyen le plus sûr, et peut être
même le plus prompt d'atteindre le but, consiste à remuer
profondément le sous-sol pendant plusieurs années, puis à
le mélanger avec la terre arable et lui donner en même

temps de l'humus par l'apport de beaucoup d'engrais ordinaires.

Des essais concluants ont été faits à cet égard. Il y a cinquante ans, les environs de Lignac, à sous-sol de grès présentaient un aspect désolé ; maintenant c'est un pays fertile. Qu'a-t-on fait ? D'abord l'assainissement était utile à cause des fortes pentes de la contrée. Il a suffi de l'introduction de la marne ; mais je le répète, cette marne contenait de fortes proportions d'argile ; sur plusieurs autres points, les agriculteurs intelligents n'ont pas redouté l'emploi des labours profonds, et le succès a justifié leurs efforts. Ils ont pu souvent substituer alors la chaux à la marne, ce qui ne peut être conseillé en Brenne que quand le sol assaini a été amendé par l'argile.

APERÇU GÉNÉRAL
SUR
L'AGRICULTURE DE LA CONTRÉE

MODES DE CULTURE

Le pays qui, autrefois, comprenait de vastes domaines les a vus peu à peu disparaître, et aujourd'hui les grandes exploitations sont rares.

Cette division des terres a de graves inconvénients au point de vue économique : difficultés pour des assolements réguliers, perte de temps pour la main d'œuvre etc.

Les domaines les plus étendus sont affermés, d'autres sont cultivés par des métayers et quelques-uns sont exploités par les propriétaires.

Les baux des métayers sont faits ordinairement pour 3, 6 ou 9 ans, et ceux des fermiers pour 9, 12 et 18 ans.

ASSOLEMENTS, LABOURS

> Si tu laboures mal,
> Tu moissonneras mal.
>
> PROV. ITALIEN.

L'assolement suivi dans la contrée n'est pas très régulier à cause du morcellement des terres. C'est l'assolement de 6 ans qui est le plus en usage :

Première année : Jachère ;

Deuxième — Blé d'automne ;

Troisième — Avoine d'hiver ;

Quatrième — Avoine d'été dans laquelle on sème soit vesce, sainfoin, raygrass, luzernes ou trèfle ;

Cinquième et sixième années : Prairies artificielles.

Les charrues les plus employées sont les charrues simples à âge en bois et soc en fer ; souvent pour labourer on leur enlève l'avant-train et on s'en sert comme araire.

Le labour effectué est un labour en billon très bombé à cause de l'imperméabilité du sous-sol.

Une charrue attelée de 2 bœufs peut labourer de 18 à 22 hectares par an.

ENGRAIS, AMENDEMENTS

> Sans fumier pas de bonnes terres.
> Avec du fumier pas de mauvaises.
> JACQUES BUJAULT.

Les fumiers ordinaires fabriqués dans l'exploitation servent seuls d'engrais pour les terres. L'emploi d'engrais chimiques n'est pas en usage dans la contrée, car les cultivateurs, manquant de moyens de contrôle faciles n'ont pas confiance aux marchands.

La marne étant très abondante dans le pays est employée à forte dose et avec avantage dans tout le plateau de la Brenne. Un marnage de 60 à 80 mètres fait dans les terres de Neuillay peut durer une trentaine d'années.

ENSEMENCEMENTS

> On est quelquefois trompé en semant trop tôt.
> On l'est toujours en semant trop tard.
> PLINE.

Les ensemencements se font aux époques régulières adoptées en climat tempéré. Cependant à cause de la nature froide de certaines terres il faut ensemencer de bonne heure. L'état des terres ne permet guère l'usage du semoir en ligne, aussi on répand généralement la semence à la main : on force toujours la quantité de graines en prévision des dégâts de l'hiver.

Les travaux d'entretien se font comme partout ailleurs; inutile de les décrire ici. Les cultivateurs les plus intelligents qui sont enfin sortis de la routine et sont entrés dans la voie du progrès, ont reconnu qu'il y avait des variétés de blé bien meilleures que d'autres. Ils ont généralement adopté :

Le blé de Noé dit blé bleu ou gros blé.

Le blé Roseau.

Le blé de Saumur d'automne.

Le blé rouge ordinaire.

Blé de Noé. — Ce blé est le plus répandu dans le pays; il y vient très-bien et quand il est fait assez tôt, on est à peu près sûr de sa réussite; son grain est jaunâtre, tendre, de très-bonne qualité; c'est une variété rustique, hâtive, productive, sa paille courte est raide.

Blé roseau. — Le blé Roseau est moins cultivé que celui de Noé, cependant il réussit très-bien dans les terres de la Brenne. Sa paille raide et solide, quoique moins bonne pour la consommation de la ferme, ne verse pas. Son épi est blanc, compacte, beau; son grain bien nourri, très-blanc, donne une assez bonne farine. L'épi ressemble au blé Hickling et le grain à celui du blé de Flandre.

Blé de Saumur. — Syn : Gris de St-Laud. Ce blé n'est pas très employé dans la contrée, cependant quelques cultivateurs intelligents s'en servent dans les terres légères. Son grain est gros, bien plein, rougeâtre, tendre; sa paille est haute et assez forte. Cette variété est très-productive.

Blé rouge ordinaire. — Le blé connu sous le nom de rouge ordinaire n'est autre chose qu'une dégénérescence du blé Blood-red; il tend à disparaître de la contrée. Cependant c'est un assez beau blé; son grain est rouge, sa paille haute et forte, il verse très rarement ; il est très-productif et très-rustique.

On cultive aussi quelques céréales de printemps qui réusisssent généralement bien ; telles sont, pour l'avoine :

1° Avoine de Provence d'hiver ;

2°   »   noire de Brie de printemps ;

3°   »   .   »   de Hongrie   »

La première se sème dans le courant de septembre ou au commencement d'octobre ; elle réussit ordinairemen très-bien. Son grain est grisâtre, à écorce épaisse ; pesante, de bonne qualité. On sème 2 à 3 hectolitres par hectare.

L'avoine noire de Brie est très estimée dans la contrée, son grain est noir, court, renflé ; sa paille grosse. Cette variété est très bonne et productive.

L'avoine noire de Hongrie, semée en bonne terre, a un grain qui devient assez lourd et gros ; sa paille est haute, grosse, un peu dure pour les animaux, de plus elle est un peu difficile à battre.

L'orge et le seigle sont très peu cultivés dans la contrée. Cependant chaque ferme fait un peu de seigle pour se procurer la paille nécessaire à la fabrication des liens. Pour cela on emploie le seigle commun ayant une paille blanche très-haute.

Là, comme ailleurs, les céréales sont fréquemment envahies par le chardon (*circium arvense*), le vesceron (*viccia cracca*), la sanve ou moutardon, le coquelicot, la nielle. Un trop grand nombre de cultivateurs négligent les moyens de destruction de ces mauvaises plantes. Quelques-uns pourtant font passer des personnes pour détruire les chardons et autres mauvaises herbes qui se développent à cette époque.

Les fourrages se récoltent généralement dans la première quinzaine de juin. Le seigle du 10 au 20 juillet ; du 15 au

25 pour les blés, du 25 juillet au 15 août pour les avoines.

L'usage des faucheuses et moissonneuses y est presque impossible à cause du morcellement des terres et du labour en billon. Aussi ces travaux sont-ils généralement effectués à la faulx.

ANIMAUX

Les espèces animales communément employés au travail des champs sont le cheval et le bœuf. Ces animaux sont élevés dans presque toutes les fermes sauf quelques races de chevaux qui sont achetées aux foires à divers marchands.

DU CHEVAL

Le cheval fait surtout les travaux peu fatigants : transports, roulages, hersages, etc.

Il serait difficile de préciser la race dominante du pays. C'est un métis provenant sans doute du boulonnais et du percheron, elle n'a pas de caractères distinctifs ; elle est de taille et de force moyennes.

Dans les grandes exploitations où les travaux difficiles et pénibles réclament de fortes bêtes on emploie la race Boulonnaise ou la race Percheronne ; on les achète dans les foires des environs à des marchands qui les amènent du pays d'origine.

DU BŒUF

Les voyez-vous, les belles bêtes
Creuser profond et tracer droit,
Bravant la pluie et les tempêtes,
Qu'il fasse chaud, qu'il fasse froid.

Ces vers, de la chanson populaire de Pierre Dupont, s'appliquent bien aux beaux bœufs de couleur froment qui occupent non-seulement le Limousin, mais encore le département de l'Indre et surtout le plateau de la Brenne que nous avons décrit plus haut.

Je ne crois mieux faire que de donner ici les justes appréciations de la race limousine par M. Joigneaux : elles conviennent très bien à mon sujet.

« La race limousine est d'assez haute taille, mais
« surtout bien prise et d'une finesse remarquable. Ses
« membres sont plus nerveux que développés, ses os d'une
« grosseur moyenne. La tête est légère, le rein bien soutenu,
« la côte ronde, les hanches sont bien faites. Elle est
« docile au travail. On exige des jeunes animaux une
« douceur extrême, et ce n'est que lorsqu'ils se prêtent
« sans résistance à tous les mouvements de tête et de corps,
« qu'ils se manient parfaitement, que les habitants de la
« Brenne les achètent : le moindre défaut de docilité les dé-
« précie.

« L'éducation des jeunes bœufs, telle qu'on la fait dans la
« Brenne, est vraiment digne de tout l'intérêt de l'observa-
« teur. On cherche et on réussit à faire produire à de jeunes
« animaux un travail qui compense la nourriture abondante
« qu'ils absorbent ; on ne prétend pas au delà, et on béné-
« ficie de la différence du prix d'achat au prix de vente.
« Dieu sait si le calcul de la dépense et du produit est fait
« bien exactement : nos paysans ne sont pas forts là dessus ;
« mais, en le supposant exact, la théorie est bonne certai-
« nement, car l'augmentation de poids, c'est-à-dire de
« valeur, est certaine dans un jeune animal si le travail
« qu'on exige de lui n'excède pas la proportion qui favorise
« son développement.

« Les éleveurs de l'Indre sont dans les mêmes principes,
« ils vont plus loin même : ils attellent un grand nombre
« de bœufs adultes à la charrue ou pour les transports,
« sachant très-bien que la moitié de l'attelage suffirait

« parfaitement, mais trouvant bénéfice à maintenir leurs
« animaux en chair, et à sacrifier à cet état la somme de
« travail supplémentaire qu'ils pourraient produire. Voici
« la réponse que faisait à cet égard un fermier de la Brenne
« à un savant agriculteur qui lui faisait observer qu'il y
« avait perte évidente pour le laboureur à faire agir un
« attelage de trois ou quatre paires, lorsque deux, au plus,
« suffisent, non-seulement parce que, en les dédoublant, on
« pourrait doubler la quantité de travail effectué dans le
« même temps, mais parceque plus les animaux sont nom-
« breux, plus il y a décomposition et perte de force pour
« chacun dans la divergence des mouvements de tous :
« Lorsque les animaux de labour sont les mêmes que ceux
« que vous nommez de rente, il n'y a aucun inconvénient
« à en avoir beaucoup, car ils rapporteront à la fois travail
« et argent. On rira de moi tant qu'on voudra, je n'en
« continuerai pas moins de mettre mes six ou huit bœufs
« à la charrue toutes les fois qu'il s'agira d'un premier
« labour, d'une façon un peu rude, ou toutes les fois
« même que le temps ne me pressera pas, par ce que je
« suis sûr alors qu'ils n'en prennent qu'à leur aise et que
« le travail n'est pour eux qu'un exercice salutaire. Dans
« les guérets déjà ouverts, et les moments où la rapidité
« est un élément de succès, lorsqu'il s'agit de semer ou de
« rentrer les récoltes, par exemple, je deviens de votre
« avis ; d'un seul attelage j'en fais deux, et je ne crains
« pas alors de donner à mes bœufs une fatigue passagère
« parce qu'ils se reposeront, et parce que, en définitive, la
« production du sol est, en pareil cas, la principale
« spéculation. »

Un document d'un haut intérêt, le rapport d'un des
des professeurs de zootechnie au conservatoire sur les
concours de Poissy et de l'appréciation des viandes à l'étal,

nous montre la race limousine placée dans un rang éminent en comparaison même des races étrangères les plus recherchées, celle de Durham par exemple. Ce n'est pas seulement par leur qualité, mais encore par leur précocité qu'ont brillé les limousins ; ainsi, au concours de Poissy, sur 17 bœufs primés appartenant aux races françaises et ayant moins de 4 ans, 1 était choletais, 7 limousins et 9 charollais. Le choletais portait l'annotation 18, la moyenne des 7 limousins était 17.4, et celle des 9 charollais 15. Le choletais et le limousin pouvaient donc lutter de maturité avec les bœufs anglais et croisés, âgés de moins de 4 ans, et dont les notes ont été 17 et 17.3. Comme poids relatifs, les limousins donnent des résultats très-remarquables.

Sur 100 de poids vif voici le rendement : poids net 66.451, suif 10.502, cuir 6.515, issues 6.742, intestin 9.790.

Se doutait-on, même en Limousin et dans l'Indre, avant ces expériences comparatives, du degré de perfection pour la boucherie de notre belle et bonne race limousine ? On voit donc bien que les concours ne sont pas toujours un moyen de constater le triomphe des races étrangères, et que les races indigènes y peuvent montrer aussi leurs éminentes qualités.

Les vaches limousines sont médiocres laitières ; on attache peu d'importance à développer leurs facultés à cet égard. L'élevage des jeunes veaux est la spéculation usuelle ; on s'attache surtout aux belles formes, à la finesse du tissu cellulaire et à l'uniformité du pelage. Depuis plusieurs années on a introduit dans l'Indre un assez grand nombre de taureaux garonnais destinés à augmenter le poids et la taille de la race indigène, à lui donner des formes plus massives.

Il y a un grand danger dans l'emploi des reproducteurs garonnais qui ont la peau moins fine et les os plus gros que ceux du Limousin, ils peuvent altérer ainsi ce qui constitue l'une des qualités dominantes de cette belle et précieuse race.

DU MOUTON

Curat oves oviumque ministros
Il a soin des brebis et des bergers.

(Inscription que Louis XVI fit mettre sur la
porte du palais de Rambouillet).

Le département de l'Indre, essentiellement adonné à la production des moutons du Berry, compte des éleveurs d'un grand mérite. De nombreux essais d'amélioration y ont été entrepris. Quelques-uns, conduits avec une remarquable intelligence, ont donné de bons résultats. Si bien que l'industrie ovine de la contrée est aujourd'hui engagée dans une voie sûre qui fera, sans aucun doute avec le temps, disparaître la race locale pour la remplacer par un métis plus en rapport avec les nouvelles conditions culturales que le progrès y introduit rapidement. En attendant que ce mouvement, heureux à la condition que les harmonies soient respectées et ménagées, ait accompli son œuvre, il faut toutefois décrire la race du pays avec les diverses variétés qu'elle présente.

Mouton de Crevant. — On a donné ce nom à l'animal qui compose les troupeaux de la partie méridionale du Berry et qui se trouve surtout dans les environs de La Châtre, d'Argenton, dans le voisinage de la Creuse. Il est de taille moyenne. Il a le corps allongé, cylindrique, le garrot épais, les reins larges, la croupe courte. La tête assez fine et busquée est nue et quelquefois marquée de taches brunes ou rousses. Les oreilles sont longues et pendantes. Ce sont ces deux derniers caractères, tête busquée et oreilles pendantes, qui le distinguent surtout de la race du plateau central qui lui est voisine. Ses membres, moyennement fins, sont aussi dépourvus de laine. Les béliers n'ont pas de cornes. L'animal est rustique ; aussi quand il vit sur de bons pâturages il se développe et s'engraisse ensuite avec la plus grande facilité, en donnant une viande de très bonne qualité.

Parmi les races qui concourent à l'approvisionnement de Paris et qui paraissent dans les concours d'animaux gras, la viande des moutons berrichons a toujours été, sous ce rapport, placée en première ligne.

Tels sont les caractères du type de la race du Berry à son état inculte. Nous allons suivre ce type dans les autres parties de la région.

Mouton de Champagne. — Celui-ci ne diffère du mouton de Crevant que par un corps plus épais, un peu plus bas sur jambes et d'une toison meilleure. Il a la laine courte, fine et douce ; ce dernier caractère le distingue de divers points de la zone centrale du Berry.

Le mouton de Champagne présente des variétés quant à sa taille. Il est plus fort que partout ailleurs dans les environs de Brion, de Levreux et d'Issoudun où il s'élève dans de bonnes conditions. Quand on le considère dans la Brenne on le trouve plus petit, à laine moins fine et moins douce, mais cependant sa toison ne permet pas de le confondre avec le mouton du Crevant qui est voisin.

C'est avec les brebis de Champagne qu'ont été effectués sur une grande échelle divers croisements. C'est aussi cette variété de la race qui fournit la plus grande partie des moutons connus, sur les marchés de la capitale, sous le nom de berrichons, et qui ont été engraissés en grande partie dans l'Indre. Elle tend à se substituer aux autres à cause de son lainage.

Moutons du Bois-Chaud. — Ce sont les moutons des parties boisées qui établissent la transition entre le Berry et la Sologne. Là, le mouton prend un peu plus de taille et sa laine grossit. Dans certains endroits on y trouve des traces de croisements mérinos, facilement reconnaissables aux caractères de la laine et à l'extension de la toison sur la tête et les membres ; mais ils sont peu nombreux et tendent même à disparaitre.

Le meilleur croisement qu'il y ait à faire avec le berrichon est le croisement southdown qui a déjà exercé, sur l'espèce ovine du Berry, une amélioration considérable et auquel appartient bien décidément l'avenir dans cette région de notre pays. Il nous parait que la race southdown est destinée, dans un temps prochain, à absorber complètement la race berrichonne du département de l'Indre.

Déjà d'innombrables troupeaux, de cette contrée si bien bien peuplée de moutons ne sont plus composés que de métis southdowns-berrichons, et les effets de cette transformation sont si remarquables et si lucratifs, qu'on ne saurait trop les multiplier. Le métis southdown a, comme son père, la face et les jambes brunes ou noires. Dans la Champagne berrichonne, son lainage conserve la douceur et la finesse relatives qui caractérisent la variété locale. Partout il atteint un poids vif plus élevé, des formes meilleures sans perdre de la rusticité nécessaire au mode d'entretien du mouton de la région.

Ainsi que nous l'avons déjà dit, le croisement dont il s'agit se généralise de proche en proche, et avant peu de temps on ne trouvera plus en Berry que des métis Southdowns. C'est un réel progrès dont les habitants de l'Indre n'auront qu'à se louer.

DU PORC

Propre ou non
Tout rapporte dans le cochon.

Le département de l'Indre comprend un assez grand nombre de bonnes porcheries et c'est pour le pays une des meilleures spéculations.

La race qu'on y rencontre le plus fréquemment est la même que dans la Creuse, c'est-à-dire la race périgourdine alliée à la race poitevine ; sa robe est blanche tachetée de noir, ses soies sont raides. Elle a une tête fine et pointue, des oreilles tombantes, un cou court et gros. Le corps est assez large, mais sa hauteur sur jambes le fait paraître étroit ; les membres sont forts et musculeux.

Cette race est un peu grossière dans son ensemble, mais elle est très rustique, docile et de moyenne précocité.

La dureté de ses onglons et son énergie musculaire lui permettent de faire de longues marches et d'aller chercher sa nourriture à l'extérieur de la ferme.

VOLAILLES

Une ferme sans volailles est triste
Comme un château abandonné

Chaque propriétaire ou fermier élève un assez grand nombre de poulets, d'oies, de canards, de pigeons, mais très peu en font un commerce. Les volailles servent simplement à favoriser l'approvisionnement d'œufs pour chaque ferme et à réaliser la parole d'Henri IV : « Que chaque paysan puisse mettre la poule au pot tous les dimanches. »

On ne trouve guère que des poules communes. Dans les meilleures fermes on peut remarquer quelques poules fléchoises. On reconnaît facilement cette dernière par son plumage noir, sa taille élevée, sa membrane de l'oreillon blanche et très apparente ; elle n'a pas de huppe, sa crête est divisée en deux lobes pointus qui ressemblent à deux cornes. Les poulets de cette race sont excellents à engraisser ; quant aux poules elles sont assez bonnes pondeuses mais médiocres couveuses.

D'après ce court aperçu on peut conclure que l'agriculture

n'est pas trop en retard dans la contrée dont nous avons parlé. Mais il y a encore beaucoup de progrès à réaliser. Le morcellement des terres est un des principaux obstacles aux efforts du cultivateur intelligent qui ne veut pas rester en arrière. Les ressources fourragères manquent, le bétail n'est pas en rapport avec l'étendue cultivée, par suite les engrais font défaut et obligent à garder la jachère morte sur des terres qui pourraient donner des produits rémunérateurs.

Quant on est jeune et qu'on a vécu à bonne école on doit être à même de vaincre ces difficultés

Aussi, plein de courage et de bonne volonté, disons dans la suite de cette thèse ce que nous pensons faire sur l'exploitation qui nous est confiée pour arriver aux meilleurs résultats culturaux et financiers. Pour cela, il nous semble que nous n'aurons qu'à faire l'application des théories économiques si bien enseignées à l'Institut agricole de Beauvais.

PREMIÈRE PARTIE

QUELQUES MOTS
SUR L'EXPLOITATION

En parlant de la science agricole, notre illustre maître Mathieu de Dombasle a écrit :

« *C'est dans ce genre d'étude que l'on peut dire, comme le répètent quelquefois les cultivateurs, que nul homme n'est maître, parce qu'il n'est personne qui ne trouve chaque jour à y faire de nouveaux progrès.*

En effet les grands mystères de la nature que nos faibles forces essayent de sonder ne se révèlent à nous que peu à peu, à force de travail et d'attention. Aussi est-il prudent pour un jeune agriculteur qui entre en jouissance de ne faire aucune amélioration sans avoir parfaitement étudié les terres qu'il veut cultiver.

Un proverbe nous dit : *Si tu veux faire mieux qu'un cultivateur ordinaire, commence d'abord par faire comme lui-même.* Un commençant fera donc bien de suivre les préceptes enseignés par cette maxime, car comme l'agriculture est une science expérimentale et pratique, c'est en suivant les travaux de la contrée que les résultats des méthodes rationnelles pourront être vérifiés et que l'on pourra peu à peu remplacer les usages routiniers par les procédés les plus productifs de l'agriculture progressive. Ce n'est donc qu'après s'être bien familiarisé avec la pratique agricole du pays que l'on peut appliquer les notions de chimie et d'économie rurale nécessaire à la bonne direction d'une ferme et y introduire peu à peu les méthodes nouvelles et les améliorations que l'on juge indispensables.

C'est dans cette vue que, connaissant maintenant notre contrée, nous allons étudier successivement : les bâtiments de notre ferme, — la surface du terrain — la composition minéralogique et chimique du sol, — les propriétés culturales, — les éléments nutritifs des plantes, les communications, les débouchés, — la main-d'œuvre.

CHAPITRE PREMIER

DES BATIMENTS

> Rien n'est généralement entrepris
> d'une manière plus irréfléchie, et
> cependant rien ne demande plus de
> réflexion et de bon jugement que les
> constructions rurales.
>
> Louis GOSSIN.

Certains cultivateurs disent que pour loger des animaux il ne faut pas y regarder de si près. Sans doute l'argent placé dans les bâtiments ne devant rien rapporter, il faut que ce capital soit le moindre possible; mais il doit cependant être assez grand pour pouvoir fournir aux animaux des abris convenables, c'est-à-dire chauds en hiver, bien aérés et bien sains sous tous les rapports. Sans ces conditions, le cultivateur est exposé à des pertes considérables occasionnées par des maladies, des accidents et à toutes les incommodités de ces conditions anormales. Tandis que des constructions faites avec intelligence fourniront tous les avantages d'un service facile, unis aux conditions que réclame l'hygiène si utile à l'économie.

C'est envisagé sous ce dernier point de vue que les bâtiments de notre exploitation ont été construits ; de plus, vu le morcellement de la terre, la ferme se trouve placée en plein milieu du bourg de Neuillay-les-Bois, par conséquent il a fallu que plusieurs bâtiments fussent construits sur un alignement de façon à donner le plus de régularité possible afin de ne pas former un trop grand contraste avec les autres constructions de l'endroit et aussi pour faciliter la surveillance. Le corps de ferme de notre exploitation est composé de trois rangées de bâtiments parallèles formant deux cours rectangulaires ouvrant presqu'en face le presbytère sur la route allant de la station de Luant à Mézières.

Ces trois rangées de bâtiments comprennent les parties suivantes :

Première rangée. — Maison d'habitation, fournil, écuries.

Maison d'habitation. — La maison d'habitation a d'un côté une vue dans le bourg, de l'autre dans la première cour de l'exploitation ; par conséquent la surveillance de l'intérieur est assez facile. Le tout distribué de manière que l'aisance soit complète.

Fournil. — Le fournil comprend, d'un côté, le four servant à la cuisson du pain nécessaire dans l'exploitation, et de l'autre côté se trouve une buanderie pour la lessive.

Écuries. — Les chevaux étant peu employés dans la ferme, il s'ensuit que les écuries ne sont pas très importantes : elles se composent seulement d'une pièce rectangulaire dans laquelle se trouvent quatre stalles à une bête chacune. Au dessus se trouve le grenier à foin.

Deuxième rangée. — Maison de domestiques, grange et poulailler.

Maison de domestiques. — La maison des domestiques se compose de trois pièces : la première en entrant est une cuisine dans laquelle se prépare le repas des ouvriers.

Par derrière la cuisine est située la chambre de la cuisinière et de la bergère. Latéralement se trouve une autre pièce servant de magasin pour les farines, son, recoupe, etc., nécessaires au besoin de l'exploitation.

A côté de la maison des domestiques est attenant une vaste grange d'une trentaine de mètres environ de longueur sur dix de largeur. Deux grandes portes s'ouvrent l'une dans la première cour de l'exploitation et l'autre dans la seconde, permettant aux voitures chargées d'entrer par l'une et de sortir par l'autre; cette double ouverture est d'une grande facilité pour la rentrée des récoltes.

Au bout de la grange se trouve une autre petite pièce rectangulaire servant de poulailler. Le poulailler a une longueur de 10 mètres sur 4 mètres de largeur. Il présente les avantages de chaleur voulue pour les poules en hiver.

Troisième rangée. — Porcherie, bergerie, cellier, hangar.

PORCHERIE. — Un vaste bâtiment d'une longueur de 30 mètres et d'une largeur de 15 mètres est divisé longitudinalement en deux parties formant en avant la porcherie et en arrière la bergerie.

La porcherie est composée de 4 compartiments séparés entre eux par de vastes couloirs permettant de distribuer la nourriture avec facilité au moyen d'auges à bascules placées dans chaque cloison. Le couloir du milieu donne accès à un large escalier montant au grenier. Par derrière la porcherie se trouve la bergerie qui est assez vaste pour élever un troupeau de 150 à 200 moutons. Elle présente dans un de ses coins un petit compartiment réservé aux béliers.

Au bout de cette bergerie est placée une petite pièce où l'on fait cuire les aliments nécessaires aux porcs.

Enfin, à l'extrémité de la troisième rangée des bâtiments, se trouve un hangar suffisamment grand pour abriter les instruments agricoles.

Entre la deuxième et troisième rangées de bâtiments, au fond de la deuxième cour, sont placées la vacherie et la bouverie, séparées par un vaste couloir de 4 mètres de largeur, situé à hauteur des auges distribuées à droite et à gauche dans le sens de la longueur; de cette façon l'œil embrasse toute l'étable et il est aisé de pouvoir se rendre

compte de tout. A droite, en entrant, se trouvent donc les
bœufs et à gauche les vaches. Ces étables sont de même
grandeur : d'un côté l'on peut mettre 10 à 12 bœufs et de
l'autre 12 à 14 vaches. Derrière les vaches il reste un espace
assez grand pour élever les veaux.

A l'extrémité de l'allée sont réservées quatre petites pièces
dont l'une sert pour jeter les fourrages et les autres pour
l'escalier du grenier et les chambres du vacher et du
charretier.

Le couloir est terminé au fond par un espace demi-cylin-
drique, formant tourelle à l'extérieur, et servant pour la
préparation des rations.

A l'extérieur, cette tourelle est occupée en bas par des
cabanes à lapins et en haut par des pigeonniers.

La vacherie et la bouverie sont traversées en-dessous par
un canal amenant à l'intérieur l'eau que l'on tire à volonté
au moyen d'une petite pompe.

Un autre petit canal traverse l'étable transversalement
pour emmener le purin dans la fosse à fumier.

La vacherie et la bouverie de même que la porcherie et
la bergerie présentent à leur partie supérieure de magni-
fiques greniers très bien parquetés, servant à mettre
les grains battus ou les fourrages de toute sorte.

CHAPITRE II

LA SURFACE DES TERRAINS

Celui qui cultive sa terre
trouvera l'abondance.

Le plus grand des inconvénients qu'il puisse y avoir concernant la surface du terrain c'est le morcellement de la propriété. En effet lès 100 hectares de terres comprennent plus de 50 parcelles différentes.

Fort heureusement que les terres se trouvent toutes groupées autour du bourg ; de plus, chaque pièce est entourée de haies vives et de fossés, ce qui permet d'enfermer les animaux sans crainte qu'ils aillent faire des dégâts dans les champs voisins. Enfin il n'est guère de champ qui n'ait l'avantage de border une grande route, ce qui facilite les charrois en tout temps.

Le morcellement de la propriété présente une multitude d'inconvénients, tels que perte de temps pour transporter le matériel d'une pièce à l'autre, difficultés de surveillance surtout quand les ouvriers sont distribués en plusieurs endroits ; difficulté pour le charrois des récoltes et des engrais. Il faut passer de temps en temps sur les propriétés des voisins et réciproquement, ce qui occasionne souvent des disputes, sans compter les autres incommodités telles que le passage des moutons ou des vaches qui doivent aller paître dans les diverses pièces, etc.

CHAPITRE III

COMPOSITION
MINÉRALOGIQUE ET CHIMIQUE DU SOL

> Au territoire de Syracuse, certains
> étrangers gâtèrent les terres en épier-
> rant et il fallut ensuite remettre les
> pierres dans les champs.
>
> PLINE.

Le sol arable est une couche de terre propre à la végétation, elle est composée d'éléments divers de même nature
que les rochers qui ont contribué à sa formation. Les roches
sous l'action des agents atmosphériques et autres sont
devenues friables, pulvérulentes. Les végétaux eux-mêmes
contribuent à la formation des terres. C'est ainsi que sur les
rochers les plus nus il s'établit d'abord quelques lichens
imperceptibles qui retiennent l'humidité, agissent sur le
roc et contribuent avec les influences atmosphériques à le
décomposer peu à peu. Bientôt ces débris mêlés aux détritus
de la première végétation forment une petite couche de terre
végétale; c'est alors que naissent d'autres plantes plus
fortes, telles que les mousses, les graminées, etc., dont
l'action plus puissante et les débris plus considérables
accroissent avec plus de rapidité la couche de terre et
finissent par en faire un sol arable.

Si nous voyons encore aujourd'hui des rochers à nu,
c'est que leur situation trop abrupte a empêché l'établis-

sement de végétation, ou a laissé successivement entraîner par les pluies les débris des roches désagrégées et des plantes C'est pourquoi le sol des vallées est toujours plus profond, d'une épaisseur inégale et d'une composition très variée, tandis que celui des plateaux offre peu de profondeur, mais beaucoup d'uniformité dans son épaisseur et sa composition.

Mais quel que soit le mode de formation, d'après les analyses faites à l'Institut agricole, les terres de la propriété présentent au point de vue physique les proportions de 8 o/o de sable siliceux mélangé d'oxyde de fer et de 1 o/o de sable de même nature mais d'une finesse presque impalpable. Au point de vue chimique les analyses nous ont révélé les proportions suivantes :

Matières insolubles	87.»» o/o
Matières organiques	7.75 o/o
Fer	2.35 o/o
Chaux	5.25 o/o
Potasse	1.»» o/o
Alumine	10.»» o/o
Phosphates	0.05 o/o

CHAPITRE IV

PROPRIÉTÉS CULTURALES

Ayant étudié le sol au point de vue physique et chimique nous allons examiner les divers travaux que l'on exécute pour cultiver, améliorer ou amender le terrain.

Les terres peuvent produire : racines, céréales, prairies artificielles.

Les labours sont effectués à la charrue simple. Ordinairement lorsque la terre n'est ni trop sèche ni trop mouillée, deux bœufs suffisent pour une charrue ; mais en été, après quelques jours de chaleur, le sol se durcit à tel point qu'il faut au moins six bœufs pour labourer. Lorsqu'il s'agit de défricher une prairie artificielle il faut toujours au moins 4 bœufs.

Les hersages sur les terres à blé s'effectuent au moyen de 2 ou 4 bœufs suivant la difficulté. Quant aux roulages, comme ils ne sont pas ordinairement très pénibles, on emploie une jument ou deux au besoin.

La profondeur du labour est de 0,20 à 0,30, mais il n'y a pas de règle générale car elle est variable suivant la nature du sol eu égard aux plantes que l'on veut produire.

Après la récolte de céréales les moutons vont pâturer dans les chaumes pendant environ deux mois, puis commencent les labours d'hiver. La terre alors se trouvant exposée aux influences atmosphériques, l'effet des pluies et des gelées se fait sentir. Les gelées gonflent le carbonate de chaux, font augmenter le volume d'eau que la terre contient entre ses molécules, favorisent les nitrifications en présence des matières organiques, de sorte qu'au printemps, par le dégel, les mottes se délitent et la terre devient me ible. De plus, cet état de division lui a permis d'absorber les gaz ammoniacaux répandus dans l'atmosphère provenant des émanations des corps organiques qui se décomposent dans la nature, surtout les fumiers. C'est pour la même raison qu'aucun blé d'automne et avoine d'hiver ne sont roulés après le semis.

Lorsqu'arrive le printemps on roule fortement les blés et les avoines afin de les faire taller le plus possible et de tasser et aplanir le sol pour rendre le travail de la faulx beaucoup plus facile à la moisson.

Lorsque les blés paraissent avoir souffert pendant l'hiver, s'ils sont jaunes et peu vigoureux, une petite dose d'engrais azoté leur est appliquée afin d'activer la végétation. Cet engrais représente une valeur de 70 fr. par hectare.

C'est aussi au printemps que quelques coups de herse sont donnés sur les prairies artificielles envahies par les mauvaises herbes, et cela dans le but de les nettoyer, de désagréger le sol, de favoriser l'entrée des eaux pluviales et de donner l'air aux racines.

Le ploutrage est aussi en usage dans les prés où les taupes ont creusé de nombreuses galeries ; il consiste à trainer une herse sur le dos et sur la surface du pré ; les taupinières se trouvant écartées rechaussent les herbes.

Les plantes sarclées qui se cultivent dans la contrée sont : betteraves, carrottes, pommes de terre, etc. ; il est reconnu que les procédés de culture qui produisent les meilleurs effets sont, à la suite des labours, les buttages, les hersages énergiques, les roulages, sarclages, binages, etc. ; plus les plantes sarclées seront binées souvent mieux elles se développeront, car plus le sol est ameubli plus la pénétration des agents atmosphériques est favorisée et moins la terre est sujette à se dessécher. Ces travaux se font ordinairement à la main ; cependant pour les effectuer rapidement on peut se servir de butteur, bineuse, houe à cheval, etc. Lorsque ces façons sont données à temps la végétation s'active et la plante prend une nouvelle vigueur, le sol étant réchauffé par ces diverses opérations.

Ajoutons aussi que par ces travaux le sol est purgé de toute espèce de plantes étrangères et nuisibles aux récoltes.

CHAPITRE V

ÉLÉMENTS NUTRITIFS DES PLANTES

> Un homme qui fait produire au blé
> deux épis au lieu d'un est plus grand,
> à mes yeux, que tous les génies poli-
> tiques.
>
> NAPOLÉON Iᵉʳ

L'air, la chaleur, la lumière et l'humidité, tels sont les éléments indispensables au développement d'une plante. Inutile de le discuter ; les nombreuses expériences faites par les hommes les plus compétents justifient cette théorie.

Il est aussi évident que les principes contenus dans un végétal sont généralement ceux dont il a besoin pour se nourrir ; plusieurs essais ont aussi démontré que le végétal puise ses principes nutritifs soit dans l'atmosphère, soit dans le sol au moyen des racines et des feuilles.

Les chimistes de leur côté nous montrent par leurs analyses que les plantes se composent d'éléments minéraux (phosphore, chlore, soufre, iode, etc.) et d'éléments organogènes (oxygène, hydrogène, carbone, azote). Il est donc indispensable, lorsque on cultive une plante quelconque, que la terre contienne tous les éléments qui pourraient manquer ; on remplit ce but par l'apport des engrais organiques et minéraux suivant la richesse relative du sol.

Engrais de Ferme. — Le fumier de ferme étant

regardé dans le pays et partout comme le premier des engrais, on apporte à sa fabrication tous les soins possibles afin de lui faire acquérir et de lui conserver toute la qualité voulue pour représenter le maximum des divers éléments qu'il doit fournir au sol tant pour les demi-fumures que pour les fumures entières. C'est encore dans ce but que, contrairement à cette idée émise par certains agronomes, le bétail dans une ferme est un mal nécessaire, que le plus grand soin comme le plus grand développement sera apporté dans le choix des animaux ; car étant bien convaincu que la suppression du bétail entraine comme conséquence l'abaissement de la fertilité du sol. De plus, des soins spéciaux seront donnés aux engrais liquides recueillis dans des citernes ad-hoc puis transportés sur les prairies ou sur les terres libres au moyen de tonneau. Une autre partie de ces purins servira à arroser de temps en temps les fumiers.

Il est bon de relater ici quelques chiffres indiquant les quantités d'engrais fournies par des animaux ayant consommé 100 parties de fourrage sec.

	Vaches	Bœuf	Mouton	Cheval	Moyenne
Déjections solides....	38.0	45.6	46.9	42.0	43.1
Urines..............	9.1	5.8	6.6	3.6	6.3
Total......	47.1	51.4	55.5	45.6	49.4

D'après les analyses faites par MM. Payen et Bousingault, le fumier de ferme ordinaire renferme pour 100.

	A l'Etat Frais	A l'Etat Sec
Carbonne.....................	7.41	35.8
Oxygène.....................	5.34	25.8
Hydrogène....................	0.87	4.2
Azote.......................	0.41	2.0
Sels et terre....................	6.67	32.2
Eau	79.30	0.0

D'après les analyses de Emile Wolff il renferme sur 100 parties :

	TAUX	AZOTE	ACIDE PHOSPHORIQUE	POTASSE
Fumier de ferme mélangé..	74	0.4	0.25	1
— de cheval............	75	0.7	0.3	2
— de vache.............	80	0.35	0.2	0.9
— de mouton...........	67	0.9	0.4	2
— de porc.............	84	0.3	0.2	0.7

Si nous représentons l'équivalent de cet engrais contenant à l'état frais 0.41 pour 100 d'azote par le chiffre 100 on a obtenu pour les autres substances fertilisantes les équivalents suivants :

	AZOTE dont 100 de matière		TITRE A L'ÉTAT		ÉQUIVALENT a l'État	
	sèche	humide	sec	humide	Sec	humide
Fumier..............	2.00	0 41	100	100	100	100
Excréments de vache.	2.30	0.32	511	78	86.9	28.2
Urine de vache......	3.80	0.44	190	107.3	52.6	9..2
Excréments de cheval	2.21	0.55	110.5	134	90.4	74.6
Urine de cheval......	12.50	2.61	625	636.5	16	15.7
Excréments de mouton	2.99	1.11	149.5	270.7	66.8	36.9
Urine de mouton.....	9.70	1.31	485	319.5	20.6	31.2
Excréments de porc..	3.37	0.63	168.5	153.6	19.3	65.1
Urine de porc........	11.00	0.23	550	56	18	178 5
Tourteaux de lin.....	6.46	5.60	343	136.5	29.1	7.3
— de colza...	5.86	5.25	293	1280	34.1	7.8
— d'arachide.	7.68	7.20	384	1756	26	5.6
— de madia..	5.70	5.06	285	1234	35	8.1

	AZOTE dans 100 de matière		TITRE A L'ÉTAT		ÉQUIVALENT à l'état	
	Sèche	Humide	Sec	Humide	Sec	Humide
Tourteaux de cameline	5.91	5.50	295	51341	33.8	7.4
id. de chenevis.	5 90	5.20	295	1268	33.8	7.8
id. de pavot...	6.75	6.35	337.5	1548	29.6	6.4
id. de faine....	3.83	3.60	191.5	878	52.2	11.3
Pulpes de betteraves..	1.26	1.14	63	278	158.7	35.9
Feuilles de betteraves.	4 50	0.50	22.5	122	44.4	81.9
Pulpes de pommes de terre............	1.95	0.53	97.5	129	102.5	77.5
Fanes de pommes de de terre............	2.30	0.55	115	134	86.9	74 6
Fanes de carottes....	2.94	0.85	147	207	67.8	48.3
Engrais flamand......	»	0.19	»	46.3	»	215.9
Colombine...........	9.02	8.50	451	2024	22	4.9
Guano	6.20	5.00	310	1219.5	32	8.2
Noir animal.........	2.04	1.06	102	258.5	98	38.6
Suie de houille.......	1.50	1.35	79.5	329	125.7	30.3
Suie de bois........	1.31	1.15	65.5	288.4	152.6	35.6

ENGRAIS CHIMIQUES

Il est prouvé aujourd'hui que dans une ferme les engrais chimiques doivent compléter les fumures insuffisantes, malgré l'activité que le fermier peut apporter à la production du fumier, C'est pourquoi un capital pris sur une partie des bénéfices et en rapport avec les besoins des récoltes sera appliqué à l'achat de divers engrais chimiques. Des séries d'expériences seront faites tous les ans pour connaitre quels sont les engrais qui conviennent le mieux aux diverses natures des terres composant le domaine d'exploitation.

Les engrais azotés et organiques, le guano, le sulfate d'ammoniaque, puis la potasse seront surtout appliqués sur les prairies; quelquefois il sera nécessaire de mélanger plusieurs de ces éléments suivant l'exigence de la plante. Les engrais minéraux : phosphates, nitrates, cendres, plâtres, etc., seront distribués seuls ou en mélange même avec des engrais organiques sur les céréales, les racines, le colza, etc. La plus grande attention sera apportée à cette distribution ; car l'effet de ces engrais dépend surtout de la manière dont ils sont appliqués. Les uns demandent à être enfouis, tels que les phosphates, les nitrates, etc.; tandis que les engrais organiques sont généralement semés en couverture.

Pour cette question délicate l'expérience viendra guider la pratique au bout d'un certain temps. Tous les résultats seront annotés avec un soin minutieux.

CHAPITRE VI

DES COMMUNICATIONS

*Les villes doivent songer aux champs
sans lesquels elles n'existeraient pas.*

Un point capital pour une exploitation est certainement la facilité des voies de communication qui servent à relier une ferme avec différents centres importants. Il résulte de cette facilité une grande économie pour les frais de transport. En effet un cultivateur qui veut vendre son blé, ses avoines, etc., à la ville, a un très grand avantage à trouver des voies de communication nombreuses et en bon état.

Sous ce rapport notre exploitation est bien placée ; en sortant des cours de ferme on se trouve sur une belle route qui se ramifie aux deux extrémités du bourg et qui nous place à une heure de la station de Luant (chemin de fer de Paris à Limoges), à deux heures de Châteauroux, à une heure et demie de Buzançais (chef-lieu de canton) à une heure de Villedieu, à deux heures de la ville d'Argenton (chef-lieu de canton) et à une heure et demie de celle de Saint-Gauthier.

Toutes ces routes sont ou départementales ou communales, mais en très bon état. Elles sont bordées autour du bourg par la plupart des champs de l'exploitation, ce qui rend les charrois très faciles. On peut ainsi conduire des charges plus fortes sans employer plus d'animaux et réaliser par là un bénéfice notable sur le temps et sur les attelages.

CHAPITRE VII

DÉBOUCHÉS

En agriculture, bien qu'une foule de denrées soient d'un grand rapport, il ne faut pas croire que l'on puisse s'adonner à cultiver telle ou telle plante uniquement parce que ses produits sont plus importants que d'autres qui seront cultivées dans la contrée; il faut avant tout voir si leurs débouchés sont faciles.

Que dirait-on d'un cultivateur qui, ayant entendu dire que la culture des haricots ou du colza, etc., est d'un bien plus grand rapport que celle du blé ou des autres céréales, substituerait à son blé ou à son avoine une culture de haricots ou de colza, sans s'assurer, avant s'il pourra trouver un débouché facile pour ces divers produits? Assurément celui qui agirait de la sorte commettrait une faute notable et s'exposerait à un grand embarras, car, ou ses produits lui resteraient entre les mains, ou il serait exposé à les vendre à vil prix.

Dans la commune de Neuillay-les-Bois on cultive principalement les céréales: blé et avoine, parce que l'écoulement est sûr; la vente se fait soit sur les marchés de Châteauroux ou d'Argenton, soit à la meunerie ce

MM. Sallé qui emploie une grande partie des blés produits dans le sud du département.

Le cultivateur n'aurait donc pas avantage à changer le système de culture de la contrée ; cependant il y aurait peut-être une amélioration importante à faire, car, vu la crise agricole qui règne et qui fait baisser de plus en plus le prix des céréales, il y aurait avantage à diminuer la culture des blés et à augmenter la culture fourragère, ce qui permettrait d'avoir un plus nombreux bétail, produisant soit du lait, soit de la graisse, qui trouvent un débouché assez facile à Châteauroux ; de cette façon on pourrait augmenter les fumures pour céréales et par là obtenir une récolte aussi forte que par le passé tout en restreignant la culture ; le produit des animaux serait donc un bénéfice de plus. Ici encore, quelques années d'expériences bien suivies pourront résoudre ce problème.

CHAPITRE VIII

MAIN D'ŒUVRE

> Rem ttez en honneur le soc de la charrue,
> Repeuplez la campagne aux dépens de la rue ;
> Grevez d'impôts la ville et dégrevez les champs;
> Ayez moins de bourgeois et plus de paysans.
>
> Emile AUGIER.

Gagner beaucoup, travailler peu : telle la devise des ouvriers d'aujourd'hui ; de là il s'en suit que la main d'œuvre agricole diminue et que les salaires augmentent.

En effet les nombreuses usines et manufactures des villes leur ont offert des prix qu'il était impossible à l'agriculteur de donner ; qu'en est-il résulté ? Les ouvriers ont déserté la campagne pour aller s'enfermer dans les villes où, en dehors de leurs heures de travail, ils se sont livrés à la boisson et ont dépensé leur salaire au fur et à mesure qu'ils le gagnaient. Maintenant que le crise est à peu près générale et que le patron est obligé de fermer son usine ou de diminuer les salaires, il s'en suit que l'ouvrier est sans travail, ou que, s'il ne veut pas consentir à la diminution : de là les grèves, les révoltes, etc. Les choses peuvent pourtant pas rester ainsi, l'ouvrier sera obligé de revenir à la campagne, d'où il est parti bon pour y rentrer mauvais.

Dans la commune de Neuillay-les-Bois les ouvriers sont, pour la plupart, sédentaires, ayant leur maison d'habitation dans le bourg. Ce sont ces ouvriers qui, autrefois, restaient 15, 20 et 25 ans dans la même maison ; mais maintenant que le désordre des villes se fait sentir dans les campagnes, l'esprit religieux quitte peu à peu ces ouvriers ils deviennent des hommes sans conscience qui, loin de s'attacher au maître qui les nourrit et les fait vivre, seront toujours prêts à le quitter et même à lui faire tort.

Heureusement que tous n'en sont pas là et que l'on rencontre encore quelques familles chrétiennes ayant de la conscience et de l'honnêteté, mais elles sont rares. Heureux le cultivateur qui possède ces personnes consciencieuses qui, tout en s'occupant de leurs intérêts, travaillent et veillent aux intérêts de leur maître.

EXPOSE

DU SYSTÈME DE CULTURE

SUIVI DANS L'EXPLOITATION

Le morcellement de la propriété et l'usage routinier de la contrée font que jusqu'à présent on ne s'est pas beaucoup préoccupé d'organiser un assolement régulier. Cependant l'assolement de six ans est plus ou moins bien suivi dans l'exploitation.

Il comprend :

1re année. — Jachère morte.
2e   —   Blé d'hiver.
3e   —   Avoine d'hiver.
4e   —   Avoine d'été.
5e et 6e année. — Prairies artificielles (sainfoin, ray-grass, trèfle).

On voit par là que les céréales occupent la moitié des terres.

La jachère qui vient après les prairies artificielles n'est généralement pas cultivée avant le printemps. On lève les guérets en avril et mai et on les laisse s'aérer jusqu'en septembre, alors on met une fumure et on l'enfouit par un second labour suivi de hersages vigoureux afin de rendre la terre assez meuble pour recevoir la semence du blé vers la fin du même mois ou au commencement d'octobre.

Une fois ensemencé, le blé ne demande pas grandes façons : on se contente, avant les pluies de l'hiver, d'ouvrir les raies d'écoulement pour les eaux de manière qu'elles ne séjournent pas sur la partie ensemencée. Au printemps, un roulage est appliqué sur toutes les céréales. Pendant la troisième et quatrième année les avoines sont traitées de la même façon que les blés sauf qu'en ensemençant l'avoine d'été de la quatrième année on y mélange les graines de sainfoin ou de raygrass constituant les prairies artificielles de la cinquième et sixième année. Cet assolement est basé sur la production des blés et des avoines.

Les deux années de prairies artificielles avec le peu de prairies naturelles suffisent pour entretenir le bétail.

Voici du reste la rotation de 1885.

Etendue des terres labourables, 70 hectares.

Vignes......................	2 hectares

Première Sole

Jachère morte................	14 hectares

Deuxième Sole

Blé d'hiver..................	10 hectares

Troisième Sole

Avoine d'hiver...............	10 hectares

Quatrième Sole

Avoine d'été................	10 hectares

Cinquième et Sixième Sole

Sainfon, raygrass, vesce, trèfle .	20 hectares
Terres réservées.............	4 hectares

On voit donc par là que les proportions entre les céréales et les fourrages sont à peu près gardées ; cependant il y a un peu trop de céréales pour le nombre de bêtes, aussi se perd-il chaque année une certaine quantité de paille et de balles.

On pourrait donc, s'il y avait un peu moins de routine, augmenter la production des fourrages et avoir un bétail plus nombreux, et par là une production de fumier plus grande.

Le bétail servant à l'exploitation en 1885 ne se composait que de 2 juments, 10 bœufs de travail, 12 vaches, 150 moutons, 4 mères truies et 6 cochons à l'engrais.

La main d'œuvre étant difficile, on n'a dans la ferme que le personnel strictement nécessaire à la culture de l'exploitation. Il se compose d'un maître domestique, un laboureur, un vacher, une cuisinière et une bergère. Le maître domestique est payé 500 fr. par an, le laboureur 400, le vacher 350, la cuisinière 200 et la bergère 150.

Lorsqu'il y a surcroît de travail, soit pour les binages, buttages, etc., on prend des hommes de journée payés 2 fr. 50 nourris et 3 fr. non nourris. Quant aux travaux de moisson ils se donnent à la tâche moyennant un prix convenu.

On voit donc que le système de culture est assez défectueux et qu'un grand nombre d'améliorations pourraient, sans beaucoup de frais, y être apportées.

Nous allons maintenant, dans la seconde partie de notre travail, tout en conservant l'assolement de six ans, le modifier de façon à pouvoir augmenter la production fourragère et par suite le bétail.

PREMIÈRE DIVISION

CHAPITRE PREMIER

DES CAPITAUX

Pauvre agriculteur, pauvre agriculture.
A faible champ, fort labour.

TAHER.

Le capital est l'ensemble des valeurs échangeables, des richesses naturelles ou artificielles mises au service des besoins de l'homme.

En agriculture on distingue deux sortes de capitaux :

1° Le capital foncier.

2° Le capital mobilier ou d'exploitation.

Ce dernier est la base de toutes les spéculations agricoles. Sans lui une exploitation serait un corps sans âme. Aujourd'hui plus que jamais, de sa quotité et de son bon emploi dépendent les résultats financiers de toute entreprise agricole.

L'expérience a démontré que dans la culture dite intensive il doit se rapprocher de 6 à 800 fr. par hectare. Les meilleurs cultivateurs du Nord disposent même de 1,000 francs par hectare.

D'après le texte de ma thèse, je suis propriétaire du

capital foncier et je possède 60,000 fr. pour le faire valoir.

J'emploie la plus grande partie de ce dernier capital pour me procurer le bétail et les instruments nécessaires dans l'exploitation. La ferme étant montée j'achète aux meilleures conditions tout ce qui s'y trouve.

Voici l'inventaire des acquisitions que je fais :

INVENTAIRE D'ENTRÉE

Étendue de l'exploitation 100 hectares, dont 26 en bois taillis, 4 en prairies naturelles et le reste en culture.

Assolement suivi jusqu'à ce jour :

    1re année. — Jachère.

    2e   —   Blé d'automne.

    3e   —   Avoine d'hiver.

    4e   —   Avoine d'été.

    5e et 6e   —   Prairies artificielles.

Nombre d'objets	DÉSIGNATION	ESTIMATION partielle	ESTIMATION totale
	§ Ier — MOBILIER MORT		
	ART. 1er — **Mobilier de Ménage**		
	Literie, vaisselle, batterie de cuisine, lampes, bancs, tables, etc., etc........	1500	1500
	ART. 3. — **Mobilier de bureau et de chambre**		
	Bureaux, meubles divers, chaises, fauteuils, tapis, rideaux.....................	2000	2000
	à Reporter.....		3500

Nombre d'objets	DÉSIGNATION	ESTIMATION partielle	ESTIMATION totale
	Report....	.....	3500
	ART. 3. Buanderie		
1	Fourneau et chaudière pour lessive	50	
2	Seilles et 1 cuvier........................	50	100
	ART. 4. — Fournil		
1	Maie à pain	20	
2	Pelles à pain	4	
10	Paniers ou payons....................	10	
	Rayons, planches, etc	5	39
	ART. 5 — Mobilier de Laiterie		
1	Baratte à main......................	20	
2	Seaux à traire à 2 fr....................	4	
1	Crémière.............................	2	
	Pots, etc............................	14	40
	ART. 6. — Mobilier écurie		
2	Étrilles, brosses, peignes, etc.	12	
1	Fourche à litière......................	2	
1	Lampe...............................	4	
1	Vannette, 2 seaux, 2 balais	6	
1	Selle et sa bride	40	
	Bridons	4	
2	Harnais complets pour limonier à 100 fr...	200	
2	Harnais complets pour cheval de Maître...	500	764
	ART. 7. — Mobilier vacherie		
20	Chaînes d'attache en fer à 2 fr...........	40	
6	Jougs avec leur courroies à 10 fr.........	60	
2	Seaux en bois........................	5	
2	Fourches américaines, un croc à fumier à 2 fr pièce........................	6	
1	Lit complet..........................	40	151
	à Reporter....	.....	4594

Nombre d'objets	DÉSIGNATION	ESTIMATION partielle	ESTIMATION totale
	Report....	.....	4594
1	Balai, 1 pelle............................	4	
4	Licols pour veau à 2 fr...................	8	12
	Art. 8. — Mobilier de porcherie		
1	Chaudière pour faire cuire les aliments	40	
2	Seaux en bois à 2 fr. l'un................	4	44
	Art. 9. — Mobilier de bergerie		
2	Baquets mobiles à 2 fr...................	4	
40	Mètres de rateliers mobiles à 2 fr. le mètre.	80	
1	Fourche américaine....................	4	
1	Fouet de bergère 1 fr., 1 barrage pour le bélier 40 fr.........................	41	129
	Art. 10. — Mobilier du poulailler et clapier		
	Nids à pondre et à couver, perchoirs......	5	
2	Petits rateliers en bois pour lapins........	2	
2	Auges en bois pour lapins................	2	9
	Art. 11. — Mobilier des granges et greniers		
50	Sacs en toile à 1 fr. 25..................	62	
1	Tarare..................................	80	
1	Mesure pour le grain....................	3	
2	Pelles en bois, rateaux, balais............	40	
1	Brouette à sac...........................	40	
2	Fléaux à 0.50	1	
1	Bascule et poids........................	30	216
	Art. 12. — Mobilier de la cave ou sellier		
3	Rapes à 10 fr. l'un......................	30	
8	Futailles à vin à 4 fr. l'un...............	32	
	Bouteilles et divers......................	50	
2	Saloirs à 10 fr. l'un.....................	20	132
	à Reporter....	.....	5136

Nombre d'objets	DÉSIGNATION	ESTIMATION partielle	ESTIMATION totale
	Report....	.....	5136
	Art. 13. — Outils à main		
3	Bêches ordinaires à 2 fr..................	6	
4	Pelles en fer à 2 fr......................	8	
4	Pioches à 2 fr...........................	8	
6	Fourches américaines à 4 fr.............	24	
6	Fourches en bois à 0.50.................	3	
3	Faulx montées à 5 fr....................	15	
2	Brouettes à 10 fr.......................	20	
	Échelles, câbles, rateaux, etc.............	60	
3	Marteaux à 1 fr.........................	3	
2	Cognées à 2 fr..........................	4	
5	Scies à 4 fr............................	20	
1	Établi avec ses accessoires..............	50	
5	Rabots à 4 fr...........................	20	
3	Varloppes à 5 fr........................	15	
	Ciseaux, tenailles et divers..............	50	306
	Art. 14. — Mobilier roulant		
3	Charrues ordinaires à 60 fr..............	180	
1	Charrue vigneronne à 40 fr..............	40	
1	Charrue défonceuse......................	80	
2	Herses triangulaires à dents de fer........	80	
1	Rouleau en bois pour chevaux et bœufs...	100	
1	Butteur en bois.........................	20	
2	Tombereaux à bœufs à 250 fr............	500	
1	Tombereau à cheval.....................	200	
1	Petite voiture à bras....................	60	
1	Charriot à 4 roues......................	500	
1	Voiture légère pour marché..............	120	
1	Cariole................................	200	2080
	à Reporter....	.....	7522

Nombre d'objets	DÉSIGNATION	ESTIMATION partielle	ESTIMATION totale
	Report....	.....	7522
1	Cabriolet et ses accessoires..............	600	
1	Calèche et ses glaces.................	1200	1800
	Art. 15. — Machines diverses		
1	Coupe-racines.......................	60	
1	Meule à aiguiser.....................	20	
1	Bascule portative....................	100	
	Clefs anglaises à voiture et divers........	150	330
	TOTAL DU MOBILIER MORT...	.....	9652

RÉSUMÉ DU MOBILIER MORT

Article	1.	Mobilier de ménage...........		1500
id.	2.	id.	de chambre, salon, bureau	2000
id.	3.	id.	de buanderie...........	100
id.	4.	id.	de fournil..............	39
id.	5.	id.	de laiterie.............	40
id.	6.	id.	de l'écurie.............	764
id.	7.	id.	de vacherie...........	163
id.	8.	id.	de porcherie..........	44
id.	9.	id.	de bergerie...........	129
id.	10.	id.	de poulaillier et clapier..	9
id.	11.	id.	de granges et greniers...	216
id.	12.	id.	de cave et cellier........	132
id	13.	id.	d'outils à main.........	306
id.	14.	id.	roulant...............	3880
id.	15.	id.	de machines diverses....	330
		TOTAL DU MOBILIER MORT...		9652

Nombre d'objets	DÉSIGNATION	ESTIMATION partielle	ESTIMATION totale
	§ 2. — MOBILIER VIVANT		
	Art. 1ᵉʳ. — Ecurie		
3	Juments de 3 à 10 ans à 700 fr. l'une......	2100	
1	Poulain de l'année....................	100	2200
	Art. 2. — Bouverie et vacherie		
8	Bœufs de travail de 3 à 5 ans, en bon état à 500 fr............................	4000	
10	Vaches limousines à 300 fr..............	3000	
1	Taureau garonnais.....................	300	
3	Veau de l'année à 60 fr.................	180	7480
	Art. 3. — Bergerie		
120	Mères brebis berrichonnes à 30 fr..... ...	3600	
90	Moutons de divers âges à 20 fr..........	1800	
1	Bélier...............................	60	5460
	Art. 4. — Porcherie		
4	Mères truies pleines à 150 fr.............	600	
3	Porcs à l'engrais à 100 fr...............	300	
27	Porcelets de différents âges à 20 fr........	540	
1	Verrat...............................	120	1560
	Art. 5. — Basse-cour		
90	Poules et coqs à 1.50...................	135	
12	Canards à 2 fr........................	24	
6	Mères oies à 6 fr......................	36	
48	Pigeons à 0.75........................	36	
20	Lapins à 2 fr.........................	40	
1	Chien de garde.......................	40	
1	Chien de berger......................	20	331
	TOTAL DU MOBILIER VIVANT..		17031

Nombre d'objets	DÉSIGNATION	ESTIMATION	
		partielle	totale

RÉSUMÉ DU MOBILIER VIVANT

Article 1. Écurie................	2200	
id. 2. Bouverie et vacherie ...	7480	
id. 3. Bergerie	5460	
id. 4. Porcherie	1560	
id. 5. Basse-cour	331	
TOTAL DU MOBILIER VIVANT....	17031	

§ III. — DENRÉES EN MAGASIN

Art 1er — Fourrages, Racines

Nombre	DÉSIGNATION	partielle	totale
40000	Kilogr. de sainfoin à 40 fr. les 1000 kilogs.	1600	
20000	Kilogr. de vesce, raygrass, etc. à 40 fr. les 1000 kilogs	800	
10000	Kilogr. de bon foin de prairies à 60 fr. les 1000 kilogs....................	600	
15000	Kilogr. de betteraves fourragères à 15 fr. les 1000 kilogs.....................	225	
10000	Kilogr. de carottes à 20 fr. les 1000 kilogs.	200	
150	Hectolitres de pommes de terre à 3 fr. l'hectolitre.....................	450	
600	Kilogr. de son, recoupe, divers, à 12 fr. les 100 kilogs.	72	3947

Art. 2. — Pailles, Fumiers

Nombre	DÉSIGNATION	partielle	totale
18000	Kilogr. de paille de blé, 18.000		
24000	Kilogr. de paille d'avoine 24.000		
	Total : 42.000 à 32 fr. les 1000 kilogs.............	1344	
40	Mètres cubes de fumier en fosse à 5 fr. le mètre....................	200	1544
	à Reporter............		5491

Nombre d'objets	DÉSIGNATION	ESTIMATION partielle	ESTIMATION totale
	Report...		5491
	Art. 3. — Graines battues		
150	Hectolitres de blé de Noé à 18 fr..........	2700	
155	Hectolitres d'avoine d'hiver 155ʰ		
140	Hectolitres d'avoine d'été 140ʰ		
	Total : 295 à 8 fr. l'hec.	2360	5060
	Art. 4. — Provisions de Ménages		
4	Pièces de vin rouge à 100 fr.............	400	
2	Pièces de vin blanc à 100 fr.............	200	
200	Bouteilles de vin de 1870 à 4 fr..........	800	
150	Bouteilles de Bordeaux de 1876 à 3 fr.....	450	
1	Tonneau de 100 litres de cognac à 4 fr.....	400	
1	Tonneau de 30 litres d'Armagnac à 6 fr....	180	
	Liqueurs de différents genres............	100	
10	Hectolitres de boissons à 10 fr. l'hectolitre.	100	
2	Hectolitres de cidre à 10 fr..............	20	
1	Tonneau de 50 litres de vinaigre..........	15	
	Sucre, sel poivre, etc...................	10	
	Huiles, graisses, etc....................	50	
	Fruits et autres réserves de bouche	80	
10	Stères de bois à 15 fr. le stère.	150	2355
	TOTAL DES DENRÉES EN MAGASIN....	......	13526

RÉSUMÉ DES DENRÉES EN MAGASIN

Article 1. Fourrages, racines........		3947
id. 2. Paille, fumier...........		1544
id. 3. Graines battues..........		5060
id. 4. Provisions de ménage		2975
TOTAL DES DENRÉES EN MAGASIN....		13526

Nombre Poids	DÉSIGNATION	ESTIMATION	
		partielle	totale
	§ 4. — EMBLAVURES		
	10 hectares de blé d'automne, 1 labour, 2 hersages : le labour estimé à 30 fr. et le hersage à 2 fr.	340	
	1 hectolitre 1/2 de semence à 20 fr. 30×10	300	
	8 hectares d'avoine d'automne : 1 labour, 2 hersages	216	
	2 hectolitres de semence à 18 fr.	288	
	Transport, épaudage et prix de 80000 kilogr de fumier	1200	
	Un labour pour la préparation des terres où l'on doit mettre de l'avoine de printemps (12 hectares) à 30 fr.	360	
	1 hectare de trèfle incarnat ; graines et travaux divers à 60 fr.	60	
	Préparation de la sole de betteraves et de pommes de terre, 1 labour et 30000 kilog. de fumier à l'hectare pour 2 hectares 1/2 à 8 fr. les 1000 kilog.	635	
	Valeur de 20 hectares de sainfoin et ray-grass à 100 fr.	2000	
	Un labour pour plantation de carottes au printemps, 1/2 hectare	15	5474
	TOTAL DES EMBLAVURES...		5474
	§ 5. — CAISSE		
	Capital de réserve	10000	
	Espèces	1500	
	Billets de banque	5000	16500

Nombre d'objets	DÉSIGNATION	ESTIMATION	
		partielle	totale
	RÉSUMÉ DE L'ACTIF		
2	1ᵉʳ Mobilier mort......................		10252
2	2ᵉ Mobilier vivant....................		17031
2	3ᵉ Denrées en magasin...............		13526
2	4ᵉ Emblavures.......................		5474
2	5ᵉ Caisse.............................		16500
	TOTAL DE L'ACTIF....		62783
	PASSIF		
	Assurances, impôts....................	1000	
	Gages de 3 mois aux domestiques.........	920	
	Au charron, au maréchal, au bourrelier...	330	
	Achat de farines, son, remoulages........	233	
	A divers fournisseurs (boulanger, épicier, etc.)...........................	300	
	TOTAL DU PASSIF....		2783
	BILAN		
	Le montant de l'actif étant de............		62783
	Le montant du passif étant de............		2783
	Il me reste pour capital d'exploitation.....		60000

DÉTERMINATION

DU SYSTÈME DE CULTURE A ADOPTER

> *Je mourrai content lorsque, dans la France
> entière, l'art d'alterner les récoltes sera
> universel et porté a sa perfection.*
>
> ROZIER.

Il est indispensable lorsqu'on veut arriver à de bons résultats en agriculture d'adopter un système de culture s'appropriant bien au pays et aux terres que l'on cultive.

Cet assolement doit aussi être parfaitement en rapport avec le bétail que l'on désire entretenir et les engrais que l'on peut employer.

Beaucoup d'agronomes se sont livrés à des études sérieuses au sujet des assolements ; quelques-uns ont fait des ouvrages remarquables sur cette importante question ; mais vu la diversité du climat, la différence des terres, ils n'ont pu formuler que des principes généraux. De sorte que pour chaque pays des études spéciales sont nécessaires pour poser les bases de l'assolement qui est le plus avantageux.

« En effet, je crois que ce serait se former une bien fausse
« idée de l'art agricole, nous dit notre illustre Maitre Mathieu
« de Dombasle, si l'on considérait l'agriculture comme une
« combinaison précise, invariable, pouvant s'appliquer à

« toutes les localités. Le nombre des combinaisons y est
« au contraire immense, et le succès dépend presque toujours
« du discernement avec lequel on en fait l'application. »

Pour parvenir à discerner qu'elle est l'assolement qui
convient le mieux à une exploitation, il est donc indispensable d'étudier le climat, la nature du sol, les débouchés, la
main d'œuvre et le genre de culture de la contrée.

C'est après avoir envisagé la propriété que nous aurons
à diriger, à tous ces points de vue que nous nous sommes
décidé à adopter l'assolement de six ans :

1re année Culture Sarclée ;
2e — Céréale d'automne (blé).
3e — Céréale de printemps (avoine).
4e et 5e — Prairie artificielle.
6e — Céréale d'automne (avoine).

Si nous comparons cet assolement avec celui qui existe et
qui est aussi de 6 années, il nous sera facile de voir les
améliorations et les avantages de celui que nous nous
proposons de faire.

1° La première année on supprime une jachère pour la
remplacer par une culture sarclée ce qui donne beaucoup
plus de nourritures et permet d'élever un plus grand nombre
d'animaux et par suite d'augmenter la production du fumier.

2° Dans l'assolement primitif après la jachère il y a trois
ans de céréales de suite. Il est évident que ces trois céréales
successives doivent puiser le sol ; par conséquent, après notre
culture sarclée qui a reçu une bonne fumure, nous ne
mettons que deux céréales, l'une d'automne, la deuxième
année et l'autre de printemps la troisième année : ces deux
céréales se succèdent dans l'ordre logique. La quatrième et
la cinquième années sont occupées par des prairies artifi.
cielles (raygrass, sainfoin, vesce, etc.). La sixième année

de l'assolement sera occupée par une céréale d'automne
(avoine) qui certainement, sur défriche de prairie artificielle, ne manquera pas de réussir. C'est donc une récolte
de céréale que nous obtenons à la fin de cette rotation, ce qui
n'avait pas lieu dans l'assolement précédent attendu que
les trois récoltes de céréales se succédaient simultanément.

Maintenant que nous avons reconnu que l'assolement
à suivre était de beaucoup préférable à celui qui existe,
nous allons examiner rapidement la quantité de chaque
plante que l'on peut cultiver avec le nouvel assolement.

La ferme se compose de 100 hectares dont 70 de terres
labourables, mais vu l'humidité de certaines terres nous
en laissons 10 de côté qui seront destinés à être mis en herbages. Il ne nous reste donc que 60 hectares rentrant dans
l'assolement.

La rotation se composera donc de 6 soles de chacune 10
hectares ainsi réparties :

1ʳᵉ Année *Cultures sarclées*	Betterave fourragère.........	3	hect.
	Carottes id.	1	
	Pommes de terre...........	3	
	Trèfle incarnat.............	1	1/2
	Maïs fourrage..............	1	1/2
2ᵉ Année	Blé d'automne.............	9	1/2
	Seigle....................		1/2
3ᵉ Année	Avoine de mars............	10	
4ᵉ Année	Prairie artificielle...........	10	
5ᵉ Année	Prairie artificielle...........	10	
6ᵉ Année	Avoine d'automne..........	10	

Cet assolement devra améliorer le sol, augmenter la
fertilité, le rendement des récoltes et par là donner de plus
grands bénéfices.

Si nous jetons un coup d'œil sur cet assolement, les plantes sarclées se trouvent en tête de la rotation de sorte que par les nombreuses façons qu'elles réclament (binages, sarclages, etc.) le sol se trouve approprié et complètement purgé de mauvaises herbes ; de plus, la forte fumure qui a été donnée à ces plantes afin d'avoir un rendement maxima fait que le blé qui est semé après cette culture sarclée et qui aime un fumier décomposé et une terre propre et bien ameublée, trouve une nourriture suffisante pour son développeme nt mais pas trop abondante pour la verse. Si par suite de mauvais temps cette culture de blé paraissait avoir souffert, nous n'hésiterions pas au printemps à répandre un peu de guano ou de poudrette de façon à ranimer la plante et à déterminer le départ de la végétation.

La troisième sole composée de céréales de printemps et mise sur une bonne terre ayant été fumée la première année, ayant reçu soit du guano soit de la poudrette la deuxième année, ne peut faire différemment de bien venir surtout si cette sole a été bien labourée avant l'hiver.

Les quatrième et cinquième soles sont occupées par des prairies artificielles. Le saintoin, le raygrass mélangé d'un peu de trèfle sont les herbes qui viennent le mieux. Nos terres s'accommodent très bien de ce mode de culture, aussi lui avons-nous donné une grande extension. Les deux années de fourrages jointes à l'année de cultures sarclées nous donneront certainemet une abondance de nourriture qui nous permettra d'élever un grand nombre de têtes de bétail et par suite d'augmenter le fumier et la production dee terres.

Après les deux années de prairies artificielles rien de mieux que de mettre une avoine d'automne pour terminer l'assolement, car sur défriche qui peut même compter pour une demi-fumure, il est certain qu'une avoine d'automne réussira toujours.

Il est donc facile de voir, d'après ce court aperçu, que

cet assolement amènera de grandes améliorations dans la ferme. Les animaux pourront y être nombreux et bien nourris, car, outre les deux années de fourrages artificiels et l'année de cultures sarclées, il existe 4 hectares de prairies naturelles et 10 hectares de terres qui vont aussi être peu à peu transformées en prairie. Cela nous fera donc un total de 44 hectares de fourrages pour entretenir le bétail.

CHAPITRE PREMIER

LES CULTURES ET LEURS PRODUITS

D'APRÈS CET ASSOLEMENT

CÉRÉALES

> Age quod agis
> Fais bien ce que tu fais
> Charles GOSSIN.

Blé (9 hectares 1/2). — Ces 9 hectares 1/2 de blé étant semés aussitôt après les cultures sarclées sont donc placés sur une terre purgée de toutes mauvaises herbes par les sarclages qui ont eu lieu, puis bien fumée l'année précédente ; dans ces conditions, le sol exigera beaucoup moins de préparation que s'il y avait eu une jachère. En effet, aussitôt que la plante sarclée est enlevée le champ reçoit un simple labour et la graine est semée et enterrée par un hersage.

Les terres ayant produit soit du maïs, du trèfle incarnat, etc., l'année précédente reçoivent avant l'ensemencement

6

les mêmes façons que précédemment, mais l'on a eu soin après l'arrachage de ces fourrages, de donner un ou deux coups d'extirpateurs énergiques.

Lorsque tous les blés sont ensemencés, une bonne précaution à prendre pour en assurer la réussite, est d'ouvrir des raies d'écoulement dans toutes les parties basses de chaque champ, car la terre retient l'eau facilement à sa surface, et il s'en suit que des flaques d'eau se forment et empêchent la graine de lever e de germer; de plus les blés placés dans des terres où l'eau séjourne sont infailliblement gelés.

Aux mois de mars et avril, si les blés ont belle apparence on se contente de pratiquer un roulage énergique sur la surface.

Mais si par suite d'un hiver rigoureux ou d'une mauvaise levée les blés paraissaient avoir souffert et annonçaient une récolte médiocre ou mauvaise, il ne faudrait pas hésiter à pratiquer un léger hersage et appliquer une petite dose d'engrais azotés pour activer la végétation. Cet engrais représente une valeur de 70 fr. par hectare.

Après avoir donné ainsi ce que l'on nomme un coup de fouet, un fort roulage est pratiqué et l'on ne tarde pas à voir la végétation partir, le blé prend la couleur d'un vert glauque et les dangers ont disparu.

L'échardonnage commence à la même époque.

Le blé est coupé à la faulx par des ouvriers du pays, mis en javelles et lié en gerbes après dessécation. Les gerbes sont disposées en tas, puis rentrées dans les granges ou mises en meules.

D'après cet assolement nous comptons sur les produits suivants :

GRAIN		PAILLE	
Rendement à l'hectare en hectolitre.......	20	Rendement à l'hectare en gerbes..........	620
Poids de l'hectolitre..	76	Poids de la gerbe battue	6
Rendement à l'hectare en kilos	1520	Rendement à l'hectare en kilos	3720
Nombre d'hectares ...	9 1/2	Nombre total des gerbes	5890
Rendement total en hectolitres........	190	Rendement total en kilogs	35740
Rendement total en kilos..............	14440		
Prix de l'hectolitre ...	18	Prix des 1000 kilogs ..	45
Prix du quintal.......	23		
Prix du rendement à l'hectare..........	360	Prix total...........	1602.30
Prix du rendement total	3420		

Seigle (1/2 hectare). — Le seigle possédant une paille douce, souple et longue, n'est cultivé dans la propriété que pour avoir la quantité de liens nécessaires dans l'exploitation. Quant au grain, après l'avoir soigneusement trié, le plus beau est réservé pour servir de semence, et le reste est livré à la consommation journalière des porcs.

Le battage de cette céréale se fait au fleau afin de ne pas trop froisser la paille qui est soigneusement triée, mise en petites bottes et rangée jusqu'au moment où l'on s'en sert pour la fabrication des liens.

Avoine de printemps (10 hectares). — L'avoine d'été succédant au blé demande quelques cultures préparatoires. Aussitôt que le blé est moissonné les terres sont déchaumées afin de pouvoir faire germer les mauvaises graines et de les détruire ensuite. Ces terres ne devant pas être travaillées jusqu'au printemps suivant, on en profite pour semer dans certaines des turneps, et obtenir ainsi une culture fourragère très utile que l'on fait consommer sur place par les moutons. On a, ainsi, des nourritures économiques qui n'ont exigé pour ainsi dire aucun soin de culture. En novembre ces terres reçoivent un bon labour, et sous l'action des pluies et des gelées, se délitent; le sol parfaitement meuble est prêt à recevoir les avoines de printemps. On profite donc des premiers beaux jours de février ou de mars pour donner un coup d'extirpateur afin de faire germer les graines de sinapis arvensis et quelques jours plus tard faire ses ensemencements que l'on enterre au moyen de hersages. Lorsque les grains sont ainsi semés, l'on termine les travaux par un roulage et l'on attend ensuite la moisson qui se fait aussitôt après les blés.

Avoine d'hiver (10 hectares). — L'avoine d'hiver faite après la prairie artificielle ne demande pas les mêmes soins de préparation; en septembre on donne un profond labour suivi de hersages vigoureux, puis l'avoine est semée et recouverte Au printemps si elle parait infestée par de mauvaises herbes on échardonne ou l'on donne un léger coup de herse et on roule. On obtient ainsi une excellente récolte d'avoine car cette céréale se plait beaucoup sur défriches de prairies artificielles. Sa moisson se fait en août et par les mêmes procédés que précédemment.

RENDEMENT

GRAIN		PAILLE	
Rendement à l'hectare en hectolitres......	32	Rendement à l'hectare en gerbes..........	740
Poids de l'hectolitre..	47	Poids de la gerbe battue...............	4
Rendement à l'hectare en kilos	1504	Rendement à l'hectare en kilos	2960
Nombre d'hectares ...	20	Nombre d'hectares...	20
Rendement total en hectolitres.........	640	Nombre total de gerbes	14800
Rendement total en kilos.............	30080	Rendement total en kilos.............	59200
Prix de l'hectolitre ...	8.50	Prix des 1000 kilos ...	43
Prix du quintal.......	18		
Prix du rendement à l'hectare..........	272		
Prix du rendement total.............	5440	Prix total..........	2368

PLANTES FOURRAGÈRES

Vu l'éloignement de toute industrie agricole il nous est impossible de nous approvisionner des résidus de ces fabriques sans entrainer des frais qu'il serait difficile de recouvrir, aussi nous ferons une assez grande quantité de betteraves fourragères, afin d'avoir tout l'hiver des racines à mélanger avec des balles et des pailles hachées. Ainsi seront consommés une foule de déchets qui se perdraient dans la ferme.

D'après cet assolement les betteraves entrent en tête de la rotation ; elles succèdent donc à l'avoine qui termine l'assolement. Aussitôt après la moisson, les terres devant porter des betteraves sont déchaumées soit au moyen du déchaumeur soit au moyen du scarificateur, puis l'on herse énergiquement. Au mois de novembre, on applique une forte fumure de 50 à 60,000 kilogr. de fumier que l'on enterre par un labour profond. Au printemps, plusieurs coups d'extirpateurs suivis de hersages et roulages énergiques sont donnés, car une des conditions essentielles pour la réussite de la betterave est de rendre le sol parfaitement meuble et bien pulvérisé. On sème ensuite au semoir à raison de 10 à 12 kilogr. par hectare. La moitié de ces graines serait suffisante, mais il est préférable de semer un peu plus épais, le surplus est arraché au moment de l'éclaircie. Les lignes sont parallèles et espacées de 0.60 entre elles. Lorsque les betteraves commencent à pousser et que les jeunes plants ont deux feuilles, un premier binage est donné entre les lignes à la main ou à la houe à cheval. Cette première façon a pour but de faire mourir les mauvaises herbes qui ont germé avec la betterave, d'ameublir et de réchauffer le sol ; après cette opération on voit pour ainsi dire les jeunes plantes pousser à vue d'œil. A la fin de mai ou au commencement de juin, alors que les petits plants ont quatre feuilles, on procède à l'éclaircie ou démariage ; cette opération consiste à enlever au moyen de la binette une certaine quantité de plants de façon à n'en laisser qu'un vigoureux tous les 0^{m}40. Un peu plus tard on pratique un autre binage autour de chaque pied ; on le fait suivre d'un fort sarclage à la houe. Toutes ces façons rendent la terre meuble, condition essentielle pour la réussite de la betterave, mais il faut avoir soin de les pratiquer de bonne heure.

Dans le courant d'octobre on procède à l'arrachage ; cette opération se fait à la main au moyen de fourches ; puis les betteraves sont décolletées, mises en tas et transportées à la ferme dans les silos.

Le silo se fait ordinairement dans un endroit bien exposé de la cour de ferme ; c'est une cavité de o.60 de profondeur et de 1^{m}50 de largeur ; la longueur varie suivant la quantité de betteraves que l'on veut ensiler. Les racines sont placées dans cette cavité, la remplissent tout à fait et sont élevées en tas jusqu'à une hauteur de 1 mètre 50 au-dessus du sol. Lorsque le tas est bien fait on recouvre le tout d'une couche de o m. 30 de terre ; la conservation est assurée jusqu'au moment où elles sont prises pour être données aux animaux.

Les betteraves ne sont jamais distribuées entières elles sont toujours coupées et mélangées avec de la menue paille ou avec du vieux foin haché qui n'aurait pu être consommé autrement. Ces rations sont toujours faites un jour ou de x avant leur consommation afin de les faire fermenter pendant quelque temps. C'est une bonne nourriture pour les animaux de l'espèce bovine qui consomment ces mélanges avec une grande avidité, surtout lorsqu'en les faisant on a eu soin d'y mettre un peu de sel.

Le rendement des betteraves à l'hectare est très variable suivant la nature du sol sur lequel on les cultive, suivant les façons qu'on aura pratiquées et suivant que le temps aura été plus ou moins sec ; mais en général le rendement moyen atteindra de 45 à 50,000 kilogr.

Carottes (1 hectare). — Les soins de culture pour la carotte sont exactement les mêmes que pour la betterave. Cependant dans bien des cas il est préférable de semer la graine à la main après l'avoir mélangée avec des cendres ; à cet effet on rayonne au moyen du semoir ou d'un rayonneur spécial dont les dents ont de 25 à 30 centimètres d'écartement. Les frais de binage et d'arrachage sont un peu plus élevés que ceux de la betterave. Comme la conservation est aussi un peu plus difficile, le silo au lieu d'être pratiqué en plein air est fait soigneusement sous un hangar à l'abri de toute humidité et couvert de paille : Ainsi la conservation est assurée.

Les carottes seront données aux chevaux et aux vaches laitières. C'est là une excellente nourriture qui, chez le cheval, peut, jusqu'à un certain point, remplacer l'avoine et l'entretenir en bon état. Chez la vache la carotte a l'avantage de faire non-seulement augmenter la secrétion laitière, mais encore de donner un lait beaucoup plus butyreux que la betterave. Le rendement est d'environ 30 à 35,000 kilogr. à l'hectare.

Pommes de terre (3 hectares). — Cette sole comprend 3 hectares. Le grand développement que nous nous proposons de donner à la porcherie, tant pour l'élevage que pour l'engraissement, nous oblige à faire 3 hectares de pommes de terre ; ce sera la principale ressource de cette branche importante de l'exploitation.

Les pommes de terre suivent le même ordre que les betteraves et les carottes, seulement elles ne reçoivent que 40,000 kilogr. de fumier.

La plantation se fait à la charrue toutes les deux raies, ce qui espace les lignes environ à 0^m50 les unes des autres ; on emploie de 25 à 28 hectolitres de tubercules à l'hectare, leur espacement sur la ligne sera environ de 0.35 à 0.40.

Lorsque la plantation est terminée, un léger hersage est pratiqué afin de niveler parfaitement le sol et de détruire les quelques mauvaises herbes qui pourraient rester. Quand les tiges commencent à pousser et qu'elles ont déjà quelques feuilles, on pratique un binage à la houe à cheval, et quelque temps après, lorsque ces tiges sont développées, on butte fortement de façon à favoriser le développement de la plante par la fraîcheur et préserver les tubercules de l'action de la lumière.

A la maturité, c'est-à-dire en septembre, on choisit un beau temps et l'on procède à la récolte qui s'exécute au moyen de l'arracheuse ; quand elles sont ressuyées et placées dans des selliers ou sous des hangars fermés à l'abri de la gelée et de la trop grande chaleur, la conservation est facile et parfaite.

Les rendements moyens sont de 20 à 25000 kil. par hectare.

La consommation a lieu journellement dans la ferme. La ration de chaque jour est d'abord cuite, puis écrasée et mélangée avec des farines d'orge ou d'autres grains et distribuée suivant les besoins. L'expérience a toujours prouvé que ce genre de nourriture convient parfaitement à l'espèce porcine.

Trèfle incarnat (1 hectare 1/2). — Le trèfle incarnat est aussi placé dans la première sole. Cette plante ne demande pas de grandes préparations ; on peut la semer aussitôt après le déchaumage de l'avoine. Au printemps il commence à pousser on applique un léger plâtrage ce qui est très bon pour le développement de cette plante. On la donne ensuite à manger en vert au bétail dès qu'elle commence à fleurir ; elle constitue une excellente plante fourragère que les animaux consomment avec plaisir ; aussi faut-il avoir soin de veiller à ce que les animaux n'aient pas de coup de sang, ce qui arrive assez fréquemment lorsque, à cette époque, on les change brusquement de la nourriture sèche à la nourriture verte.

Nous aurons soin de mettre la moitié de trèfle incarnat hâtif et l'autre moitié tardif. Ainsi la consommation de ce fourrage dure plus longtemps et profite mieux au bétail.

On estime que le trèfle vert donne l'équivalent de 4 à 5000 kilogr. de foin à l'hectare. C'est donc là une précieuse nourriture pour les animaux lorsqu'arrive le printemps.

Maïs (1 hectare 1/2). — Le maïs cultivé comme les produits précédents de la première année de l'assolement est placé sur une terre bien préparée et bien fumée, car c'est une plante très épuisante. Il a l'avantage, lorsqu'il a été bien fait, de donner un abondant fourrage vert très bien consommé par les animaux. Il vient après le trèfle incarnat. Il s'en suit que l'on peut avoir ainsi d'excellent fourrage vert à donner aux animaux pendant presque tout le printemps surtout lorsque l'on a eu soin de semer son maïs en 2 ou 3 fois à 15 jours d'intervalle ; alors il est bon à faucher au fur et à mesure de la consommation.

Cette plante donne en fourrage vert de 60 à 70,000 kilog. par hectare, ce qui, d'après son équivalent par rapport au foin, remplacerait 15,000 kilog. de foin naturel.

Prairies artificielles (20 hectares). — Ces prairies artificielles sont constituées par le sainfoin, le ray-grass et le trèfle Ces plantes se conviennent très bien sur notre sol et donnent d'assez bons rendements

Elles sont semées dans l'avoine de mars vers le mois d'avril après avoir amandé la terre par un marnage. On sème à raison de 20 à 22 kilogr. pour le trèfle et le ray-grass et 4 hectolitres pour le sainfoin. Ces graines sont recouvertes par un léger hersage suivi d'un roulage.

Lorsque l'avoine est enlevée au mois d'août les plants sortent déjà de terre. En octobre ou novembre le jeune trèfle est déjà paturé par les vaches, si toutefois le temps le permet. Les animaux sont toujours très-friands de ces nouvelles pousses et en mangeraient jusqu'à météorisa-

tion si on n'avait soin de les faire rassasier à moitié avant
de les conduire, dans ces jeunes prairies.

Lorsque l'hiver est passé et que la végétation commence
à partir, on sème à la surface environ 200 kilog. de plâtre
cru par hectare sur toutes les prairies artificielles ; grâce à
ce plâtrage on obtient de forts rendements.

On fauche vers le commencement de juin, c'est la
première coupe ; la seconde se fait dans le courant du
mois d'août. Ces travaux s'exécutent ordinairement à la
faulx puis on fane et on rentre.

Lorsque la seconde coupe est faite, les animaux vont
pâturer librement jusqu'au mois de novembre.

Les rendements sont de 4500 à 5000 kilog par hectare.
Au bout de la deuxième année de rapport ces prairies
sont défrichées pour continuer l'assolement.

CHAPITRE II

QUANTITÉ DE BESTIAUX

QUE L'ON PEUT ENTRETENIR SUR LA FERME

Nous ne sommes plus aujourd'hui au temps où l'on disait que le bétail dans une ferme était un mal nécessaire. En effet, les céréales étant peu rénumératrices, les cultures intensives étant impossibles vu la situation de la ferme, c'est donc sur le bétail qu'il faut compter pour réaliser quelques bénéfices. Nous allons donc être obligé d'ajouter à une spéculation intelligente l'élevage et l'entretien du plus grand nombre d'animaux qu'il nous sera possible. Ce nombre d'animaux doit être, sans contredit, proportionné à la quantité de nourriture que la ferme fournira.

Ce simple travail est de toute nécessité, car il permet, chaque année, de vendre ou d'acheter un certain nombre de bêtes suivant que l'on manque de nourriture ou qu'elle est abondante; de plus, dans une ferme aucune bouche inutile ne doit être conservée.

Nous allons donc examiner rapidement combien, avec notre assolement et avec les rendements moyens qui sont signalés plus haut, il nous sera possible d'entretenir de bestiaux.

Les produits de la ferme, servant de nourritures, sont :

Paille de froment. . . .	4920 kilogr.	à l'hectare pour	13 h. 1|2		46740 kilogr.
Paille d'avoine.	2960	—	20		59200
Avoine	1501	—	2)		30080
Seigle. . . . . , .	1000	—	1|2		50)
Betteraves fourragères. .	45000	—	3		135000
Carottes fourragères. . .	35000	—	1		35000
Pommes de terre. . . .	25000	—	3		75000
Trèfle incarnat.	5000	—	1	1|2	7500
Prairies artificielles. . . .	4500	—	20		90000
Maïs.	7000	—	1	1|2	10500
Prairies naturelles	5000	—	4		20000
Herbages	4000	—	10		40000

TOTAL. 549520

Cet assolement me fournit donc en aliments un produit total de 549520 kilogr. Mais ces aliments ayant une valeur nutritive différente, il faut ramener chaque nourriture à son type.

Si par exemple nous prenons la valeur du foin normal et que nous y rapportions la valeur de tous les autres produits on a :

Valeur en foin de divers produits de la ferme :

46740 kilogr.	de paille de froment.	équivalent à	15580 kilog. de foin.
59200 —	de paille d'avoine	—	25000 —
30080 —	d'avoine.	—	60200 —
50) —	de seigle	—	1075 —
135000 —	de betteraves fourragères . .	—	45000 —
35000 —	de carottes	—	16000 —
75000 —	de pommes de terre. . .	—	32000 —
7500 —	de trèfle incarnat	—	7500 —
90000 —	de prairies artificielles . . .	—	90000 —
10500 —	de maïs.	—	8000 —
20000 —	de prairies naturelles. . . .	—	20000 —
40000 —	d'herbages.	—	40000 —

L'équivalent TOTAL de foin sera donc . . . . . 360355 kilogr.

Maintenant que nous connaissons la quantité de nourritures dont nous disposons, si nous admettons, comme le prétendent plusieurs grands agronomes, qu'un animal consomme par jour 1/30ᵉ de son poids en foin naturel, et que nous prenions comme tête de bétail un animal du poids de 450 kilogr., nous obtenons comme consommation journalière $\frac{450}{30} = 15$ kil. et par an $15 \times 365 = 5475$ kil.

Par conséquent, puisque les produits équivalent à 360355 kilog. de foin nous pouvons donc entretenir autant d'animaux qu'il y a de fois 5475 kilgr. dans 360355, c'est-à-dire $360355 : 5475 = 60$ têtes de bétail.

Dans ce calcul nous n'avons pas tenu compte des cultures dérobées, tels que turneps, moutardon. Tout cela réuni nous permet certainement de résoudre le grand problème de la culture intensive, c'est-à-dire d'entretenir une tête de gros bétail par hectare.

CHAPITRE III

LES FUMIERS

PRODUCTION DU FUMIER

Le fumier doit être considéré par tout cultivateur comme la base de tout assolement. Il est donc de grande importance de connaître la quantité du fumier que l'on pourra produire chaque année.

Cette production, variant suivant la taille des animaux, suivant la quantité de nourriture qu'ils absorbent et la quantité de paille plus ou moins abondante qui est employée en litière, rend le calcul assez difficile.

Cependant, si nous nous en rapportons aux résultats constatés par la pratique, nous trouvons que pour le cheval :

Thaër indique............	7400 kilogr.
De Dombasle............	11000 —
Bella...................	8900 —
Hundershagen...........	12200 —
Frédorsdorf.............	8700 —

Moyenne : 9640 kilog.

POUR LE BŒUF DE TRAVAIL

Thaër indique..............	9400	kilogr.
Bella....................	11600	—
Hundershagen.............	10200	—

Moyenne : 10.400 kilog

VACHE A L'ETABLE

Bella indique.............	13900	kilog
Hundershagen.............	11500	—
Frédersdorf...............	11600	—
Pfeiffer.................	9200	—
Crud....................	11000	—

Moyenne : 11.400 kilog

BETES A LAINE

Bella indique.............	340	kilogr.
Hundershagen.............	420	—
De Dombasle.............	600	—
Thaër..................	440	—
Frédorsderff.............	770	—
Meyer..................	730	—

Moyenne : 550 kilog

POUR LES PORCS

Bella indique.............	3600	kilog
Hundershagen.............	4100	—
Pfeiffer.................	3500	—
Crud....................	4200	—

Moyenne : 3850 kilog

D'après ces renseignements, il nous sera maintenant assez facile de connaitre la quantité du fumier produit dans

la ferme sachant qu'elle comprend 62 têtes de gros bétail
ainsi divisées :

<pre>
        3 Juments............   3 têtes de bétail
       14 bœufs de travail...... 14
       15 vaches..............   15
       60 porcs...............   10
      200 moutons............   20
    Total 292 bêtes formant ensemble 62
</pre>

Appliquons maintenant pour chaque espèce les moyennes
obtenues précédemment et nous aurons :

<pre>
Pour les chevaux......   9.640 ×   3 = 28.920 kil. de fumier.
   —   bœufs........ 10.400 ×   14 = 145.600   —
   —   vaches....... 114.00 ×   15 = 171.000   —
   —   moutons.....   550 × 200 = 110.000   —
   —   porcs........   3850 ×   60 = 231.000   —
                                        ————
              TOTAL...   686.520   —
</pre>

Nous disposons donc d'un total de 686.520 kilogr. de
fumier. Or notre assolement, ne recevant qu'une forte
fumure en tête de la rotation, réclame, si nous prenons
la plus forte fumure, 60.000 kilogr. par hectare, et comme
chaque sole est composée de 10 hectares il nous faudra
60.000 × 10 = 600.000 kilogr. La production étant de
686,520 k. nous aurons donc de quoi fumer largement notre
sol. Si nous ajoutons au fumier les engrais provenant de
divers fabricants, les composts fabriqués dans la ferme et
les marnages qui sont faits chaque année, nous voyons
qu'il nous sera facile de suivre parfaitement notre assolement, d'améliorer le sol de la ferme, d'arriver peu à peu à
la culture intensive.

7

CHAPITRE IV

LE TRAVAIL

Ne remettez jamais au lendemain
Ce que vous pouvez faire le jour même

Le travail doit toujours être considéré comme la condition essentielle du succès : c'est de son organisation et de son activité que dépend la réussite de toute entreprise agricole.

En agriculture on comprend : le travail de l'homme, des animaux et des machines.

Bien que la main d'œuvre soit très-chère et que l'on tente de substituer le travail des machines à celui de l'homme ce dernier sera toujours le moteur général qui met tout en mouvement, car sans lui les autres n'existeraient pas ou ne donneraient aucun résultat.

Cependant il faut se conformer aux exigences de l'époque et employer les machines qui facilitent et activent considérablement le travail tout en réalisant le plus d'économie possible.

Outre le travail des hommes et des machines, celui des animaux est indispensable en agriculture ; les chevaux, les bœufs, les mulets et même les vaches sont les plus employés aux travaux d'une exploitation.

Un cultivateur intelligent devra aussi avoir soin de bien organiser ses attelages afin qu'il n'y ait aucune perte de temps, car il ne faut pas oublier que le temps c'est de l'argent.

Quant au choix de l'espèce animale, il est préférable de se conformer aux habitudes du pays. Ordinairement dans les terres légères, dans les pays où les roulages sont fréquents, les chevaux sont généralement employés ; tandis que dans les pays où les terres sont difficiles à travailler, où les charrois sont durs, le bœuf est préférable et moins coûteux.

Comme nous nous trouvons dans un pays où l'usage des bœufs est de beaucoup préférable à celui des chevaux, il s'en suit que nous n'avons dans l'exploitation que 2 chevaux pour les travaux légers et 12 bœufs pour la charrue et les gros charrois. Ces bœufs entretenus toujours en bon état seront des d'animaux de travail et des bêtes de rente ; il s'en suit donc qu'au lieu d'avoir nn déficit nous pourrons au contraire obtenir un bénéfice. Tous les ans les deux plus médiocres de l'étable sont engraissés et vendus à la boucherie ; enmème temps deux plus autres jeunes sont élevés et préparés peu à peu pour les remplacer.

TRAVAUX DES ATTELAGES

Transport du fumier et des récoltes. ---- Les auteurs les plus sérieux admettent en général que, avec de bons véhicules :

1 cheval ou 1 bœuf transporte 2.5 à 5 quint. métriques ;

2 chevaux ou 2 bœufs transportent 7.5 à 10 quintaux métriques.

4 chevaux ou 4 bœufs transportent 12.5 à 15 quintaux métriques.

Ce sont là des moyennes générales.

On charge sur une voiture à 2 chevaux 7 à 10 quintaux.

On charge sur une voiture à 2 bœufs 15 quintaux.

Deux chevaux ou 2 bœufs portent 10 quintaux de foin.

id.	id.	14 hectol. de blé.
id.	id.	12 id. de foin ou vesces
id.	id.	18 id. d'avoine.
id.	id.	4 stères de bois

TRAVAUX DE CULTURE

En une journée 2 chevaux labourent une étendue moyenne de........................... 46 ares

2 bœufs non relayés................... 32

2 bœufs relayés...................... 47

Travail de 2 bœufs selon la largeur de la raie.

Avec une largeur de 0^m13		19 ares
id.	0.15	25
id.	0.18	32.5
id.	0.21	41
id.	0.23	49
id.	0.26	54

Deux chevaux attelés à un extirpateur font de à 1^h50 à 2^h50.

Deux bœufs à une herse lourde 1^h50 à 2^h.

Un cheval à une herse légère sarcle 2^h à 2^h5.

Un cheval à un rouleau, 3 hectares.

Un cheval bine à la houe, les lignes distantes de 0.47, 75 ares. Les lignes distantes de 0.78, 100 ares.

Journées de main-d'œuvre exigées par la culture. — Stöckeardt indique ainsi la quantité de travail qu'on peut obtenir des ouvriers agricoles :

Un valet pour 2 à 4 chevaux.

Un bouvier pour 2 ou 6 bœufs.

Un pâtre pour 12 ou 20 bœufs de relais.

. Une vachère pour 10 à 20 vaches laitières.

Une fille pour 15 ou 20 génisses de un an.

Une servante pour 30 à 50 porcs.

Une fille de ménage pour 8 ou 10 domestiques.

Une bergère pour 100 à 200 moutons.

D'après ces données je n'aurai donc besoin comme serviteurs à gages que de :

1 charretier pour les deux chevaux et servant aussi pour les bœufs.

2 bouviers pour les 12 bœufs de travail.

1 vacher pour les 15 vaches.

1 bergère pour les 200 moutons.

1 porchère pour les 50 ou 60 porcs.

1 fille de ménage.

Voici d'après de M. Heuzé la quantité de temps exigée par la culture d'un hectare de diverses récoltes :

	FROMENT		AVOINE	
	Hommes	Femmes	Hommes	Femmes
Sarclages divers .	» journées	4 journées	» journées	4 journées
Fauchage.......	2	4	2	2
Liage..........	1	1	1	1
Chargement.....	1	»	1	»
Mise en meule...	1	»	1	»
Battage au fléau.	12	»	10	»

	BETTERAVES	
	Hommes	Femmes
Premier binage...........	10 journées	» journées
2me binage et éclaircissage..	10	»
Arrachage...............	8	»
Décolletage et nettoyage ...	»	8
Chargement...............	2	»
Mise en silo.............	10	»
	40 journées	8 journées

	SAINFOIN	
	Hommes	Femmes
Fauchage	4 journées	» journées
Fannage............	2	6
Mise en meule	2	6
Bottelage...........	4	3
	10 journées	15 journées

Il sera facile avec toutes ces données de répartir de la façon la plus équitable la nature des travaux entre les différents ouvriers ; de plus elles me feront préférer, dans certains cas, les ouvriers à gages aux journaliers, et dans d'autres, les tâcherons aux autres ouvriers suivant que les travaux demanderont des soins minutieux ou de la rapidité dans leur exécution.

CHAPITRE V

DU MATÉRIEL

> Rien n'indique mieux un bon cultivateur
> que les soins qu'il donne à ses instruments
> agricoles.

Le succès d'une entreprise agricole, outre la main d'œuvre et les animaux, dépend aussi, en grande partie, du choix plus ou moins judicieux du matériel servant à l'exploitation.

Tout cultivateur doit donc viser à posséder dans sa ferme des instruments parfaitement appropriés au système de culture et à la nature des terres qu'il travaille.

Pour cela il faut avoir soin de ne se procurer au début que le strict nécessaire des meilleurs instruments employés dans la contrée ; en agissant ainsi on évite certains échecs qui sont malheureusement assez fréquents chez les cultivateurs dont l'imprudence ou l'amour de la nouveauté les porte à faire des provisions d'instruments inutiles et onéreux pour un commençant.

Dans ce choix il faut surtout rechercher la simplicité et la solidité.

D'après ces considérations et ces principes de prudence, la ferme sera munie des instruments suivants :

Trois araires.
Un brabant (système Bajac).
Une charrue vigneronne.
Un extirpateur.
Un scarificateur.
Deux herses en bois à dents de fer.
Une herse en bois (forme triangulaire).
Un déchaumeur.
Un rouleau en bois (articulé).
Un semoir (Smith).
Un chariot.
Trois tombereaux.
Une cariole.
Une batteuse mobile à manège.
Un hache paille.
Un coupe-racine.
Un tarare.
Un trieur.
Une bascule à bestiaux.
Une chaudière servant à cuire les aliments donnés aux porcs.

CHAPITRE VI

LES ANIMAUX

C'est un corps sans âme
Qu'une métairie sans bétail.
Olivier de Serres.

Caton, à qui on demandait quelle est en agriculture la source la plus certaine de profit, mettait en première ligne l'excellent entretien des animaux; en seconde ligne leur entretien médiocre. Il exprimait ainsi une grande vérité, savoir que dans aucune circonstance le cultivateur ne peut se passer de bétail. Le laboureur le plus pauvre ne doit-il pas à ses animaux ce qu'il récolte, puisque sans eux la terre resterait privée de culture et d'engrais? A plus forte raison faut-il rapporter au bétail la prospérité du domaine, car en possédant des attelages vigoureux et des troupeaux bien nourris, le sol est abondamment fumé et travaillé avec énergie.

L'ÉCURIE

Les travaux difficiles de la contrée font que les juments ne sont presque pas employées, et que, par conséquent, l'élevage du cheval n'est nullement rémunérateur, aussi les travaux sont faits en grande partie par les bœufs.

Il s'en suit donc qu'à l'exploitation nous n'aurons, comme il a été indiqué précédemment, que deux juments pour les travaux légers qui doivent être faits avec une certaine rapidité.

Dès lors les bêtes pourront être livrées à la reproduction et donner chaque année un poulain qui sera élevé dans l'exploitation pour remplacer les mères, ou pour être vendu et compenser ainsi les dépenses occasionnées par ce genre de bétail.

Les nourritures données aux juments se composent des denrées suivantes :

Pendant l'Hiver

Sainfoin	6 kilogr.	par jour
Paille	5	id.
Avoine	2	id.
Carottes	8	id.

Pendant l'Été

Trèfle incarnat	30 kilogr.	par jour
Paille	5	id.
Avoine	4	id.

Quelques jours avant et après la parturition, des soins particuliers sont donnés; les juments ne travaillent plus et reçoivent des breuvages d'eau mélangée avec 2 kilogr. de son.

Au printemps, on prend aussi les précautions nécessaires pour que la transition du fourrage sec au fourrage vert ne soit pas trop brusque ; pour cela on commence par mélanger peu à peu le vert avec le sec en diminuant progressivement ce dernier et en augmentant le premier, on arrive ainsi à ne leur faire consommer que du fourrage vert.

Les mêmes précautions sont prises pour passer du vert au sec.

LA BOUVERIE (12 bœufs)

L'économie rurale nous apprend que c'est le bœuf qui fournit au meilleur marché possible les forces nécessaires en agriculture, car lorsqu'il est bien dirigé il crée en même temps capital et revenu.

Les bœufs, dans une exploitation, ont l'avantage d'être achetés moins cher que les chevaux, de ne pas perdre de valeur en vieillissant, de dépenser moins pour le harnachement ; de plus ils sont moins difficiles pour la nourriture et en cas d'accidents, ce qui arrive bien moins souvent chez les bœufs que chez les chevaux, les pertes occasionnées sont très peu sensibles ; car le bœuf peut toujours être consommé par la boucherie.

C'est après avoir envisagé la chose à tous ces points de vue que nous nous sommes décidé à réduire l'écurie à 2 juments et à adopter 12 bœufs de travail ; cette organisation nous permettra de résoudre le problème : produire du travail et de la viande.

La race adoptée est la race limousine qui, sans contredit, est classée comme une des meilleures races de travail et de boucherie.

Les bœufs limousins, dont nous avons fait la description précédemment, sont ceux qui conviennent le mieux au pays ; ils sont commodes à nourrir et se laissent diriger facilement.

Pendant l'été on nourrit les bœufs avec du fourrage vert, du sainfoin et de la paille : lorsque les travaux sont finis, vers le mois de novembre, on ne leur donne à consommer qu'un peu de sainfoin et deux fois par jour des betteraves mélangées avec des menues pailles. C'est aussi vers cette époque que chaque année les deux plus mauvais bœufs sont engraisssés et vendus pour la boucherie. On les remplace par 2 jeunes, élevés et dressés dans la ferme.

VACHERIE

L'emploi des animaux de l'espèce bovine pour le travail fait que l'élevage de ces animaux est d'un assez bon rapport ; aussi les 14 vaches limousines ne sont-elles entretenues dans la ferme que dans l'unique but de donner chaque année de jeunes veaux qui seront élevés dans l'exploitation jusqu'au sevrage ; à cette époque l'on fait choix des deux plus beaux mâles et des deux génisses les mieux conformées; ces animaux sont destinés à remplacer, chaque année, les deux bœufs et les deux vaches engraissés et vendus à la boucherie. Cet élevage bien entendu permet donc de ne jamais rien acheter et de vendre chaque année quatre bêtes grasses et 6 ou 8 jeunes veaux de deux ou trois mois ; on peut donc réaliser ainsi un bénéfice sur la vacherie et la bouverie. Les veaux sont élevés par l'allaitement naturel, aussitôt après le sevrage les vaches sont tirées et si elles ne fournissent pas un lait très abondant on peut dire qu'elles donnent au moins un lait très-butyreux qui permet de fabriquer en petite quantité un excellent beurre de table vendu chaque samedi sur les marchés de Châteauroux.

Jusqu'à ce jour chaque vache a donné, outre son veau élevé dans d'excellentes conditions, une moyenne de 25 kilog. de beurre vendu au prix courant de 3 fr. le kilog., ce qui fait un rapport en plus du veau de 75 fr. par bête.

Les vaches reçoivent, comme nourriture, du sainfoin, des betteraves, mélangées avec de la menue paille. Après l vélage l'on substitue souvent quelques rations de carottes la place de betteraves.

Après avoir parlé rapidement de l'écurie, de la bouverie et de la vacherie, vient se placer tout naturellement la question de M. Dubos, professeur de Zootechnie ; —

Décrire les conditions hygièniques dans lesquelles sont placés les animaux dans le département que vous habitez. Quelles sont les améliorations à apporter à l'état de choses actuel ?

Nous répondrons à cette question qu'ordinairement, pour ce qui concerne l'espèce chevaline, les conditions hygièniques sont assez bien observées dans le département de l'Indre. Cependant on ne saurait trop insister auprès des cultivateurs sur la nécessité de panser le cheval chaque matin pour le débarrasser du mélange de sueur et de poussière qui obstrue les organes de la transpiration et provoque une foule de maladies.

On devrait aussi ne jamais négliger, au retour d'un travail fatigant, de bouchonner l'animal et de lui mettre une couverture.

Un point important, et qui quelquefois est assez négligé, est d'entretenir la litière en bon état et de la renouveler fréquemment.

Quant aux animaux de l'espèce bovine les soins hygiéniques, surtout ceux de propreté, sont singulièrement négligés, et il n'est pas rare de rencontrer des bœufs et des vaches dont la partie postérieure est couverte d'une épaisse couche de fiente. Une telle malpropreté ne saurait être favorable à la santé, et il est étonnant que les propriétaires du département de l'Indre n'y mettent pas ordre, eux qui sont, en général, plus méticuleux sur la propreté de leurs chevaux. Croient-ils que la transpiration cutanée n'est pas aussi favorable aux bêtes à cornes qu'aux chevaux ? nous savons bien que quelques cultivateurs prétendent que le pansement des vaches laitières nuit à la production du lait en favorisant l'engraissement ; mais, comme la majeure partie des propriétaires du département se livrent principalement à l'élevage et non à la production nous pensons que tous les animaux bovins profitent des soins hygièniqnes qui leurs sont donnés. Le cultivateur devra donc surveiller les domestiques chargés du service de l'étable ou de la vacherie et exiger que les bêtes soient parfaitement cardées et brossée chaque jour, et que le pis des vaches soit tenu très proprement.

Les mêmes recommandations seraient à faire à l'égard des animaux de la race porcine qui, dans beaucoup de fermes, ne sont jamais lavés, de sorte que l'on voit constamment ces animaux se vautrer dans la boue de façon à pouvoir débarrasser leurs corps des insectes qui les démangent. Le meilleur procédé est de mettre de l'eau à leur disposition et leur donner une litière abondante.

Quant aux animaux de l'espèce ovine les cultivateurs ne négligent aucun des points de l'hygiène à l'égard de leurs troupeaux. Dans toutes les fermes de l'Indre et du Berry, les plus belles constructions présentant toutes les conditions hygiéniques désirées sont consacrées aux bêtes à laine ; aussi les moutons du Berry seront-ils toujours recherchés sur nos grands marchés de France à cause de leur finesse et de leur chair délicate.

BERGERIE

La bergerie comprend environ 200 moutons savoir :

100 mères.

30 anténois.

70 agneaux gris.

Chaque année les mères donnent un agneau qui est élevé jusqu'à l'âge de 1 an puis vendu au prix moyen de 20 à 25 fr. Dans ces agneaux gris les 20 ou 30 plus belles femelles sont gardées pour remplacer les plus vieilles mères qui sont engraissées et vendues en même temps que les agneaux.

En agissant ainsi le troupeau se renouvelle constamment :

les mères sont plus jeunes et plus vigoureuses, et moins sujettes aux maladies ; elles donnent de plus beaux agneaux.

La race élevée dans la ferme est un croisement berrichon southdown. C'est là, sans contredit, le meilleur croisement que l'on puisse faire avec le berrichon, vu le climat de la ferme et la position pour le débouché.

Le métis southdown a, comme son père, la face et les jambes brunes ou noirâtres, mais il conserve la douceur et la finesse de la laine qui caractérisent la variété locale.

Par ce croisement bien compris on atteint un poids vif plus élevé, des formes meilleures sans perdre de la rusticité nécessaire au mode d'entretien de la région.

Ces animaux pâturent pendant une grande partie de l'année ; lorsque les mauvais temps sont arrivés et qu'on ne peut les faire sortir, on les nourrit avec des pailles d'avoine, du sainfoin et quelques bottes de feuillée qui est ramassée vers le mois d'août dans l'unique but de servir de nourriture à l'espèce ovine ; ces animaux en sont très-friands, aussi la feuillée est-elle faite soigneusement par plusieurs cultivateurs du département. On peut donc par ce moyen élever un troupeau dans d'excellentes conditions et au meilleur marché possible. Aussi l'espèce ovine est-elle la spéculation principale dans presque toutes les fermes de la contrée.

PORCHERIE

Dans une exploitation bien dirigée, le porc est actuellement l'animal sur lequel on peut faire le plus de bénéfice ; il met à profit toute sorte de nourriture et de déchets et convertit en graisse les substances les plus repoussantes. C'est pourquoi les eaux grasses, les produits venant du laitage et mille autres débris qu'on ne pourrait employer et qui, par conséquent, seraient perdus, servent à nourrir le porc.

On trouve pour ces animaux un débouché assez facile

dans les foires du département ; ils sont vendus ordinairement à un prix très rémunérateur. Aussi vu les conditions dans lesquelles nous nous trouvons nous n'hésitons pas à faire chaque année dans notre ferme environ trois hectares de pommes de terre uniquement dans le but de nourrir un certain nombre de porcs et de faire un élevage tout particulier de ces animaux.

La race que nous adopterons sera le croisement yorkshire-normand ; de cette façon, comme la race normande est plus féconde que les races anglaises, nous augmenterons la fécondité d'un côté ; et de l'autre, la race york-schire étant plus précoce poussera plus facilement à l'engraissement, économisera de la nourriture et facilitera la vente, car dans le pays on n'aime pas ordinairement les races anglaises pures ; elles donnent, dit-on, trop de graisse et une chair peu succulente. De plus, comme la race normande est une race vigoureuse, nous obtiendrons un croisement qui pourra facilement sortir pendant une partie de l'année dans les herbages avoisinant la ferme.

En faisant ainsi sortir les mères truies, elles s'entretiennent dans un état d'embonpoint convenable, sont un peu moins disposées à prendre de la graisse que si elles restaient constamment en stabulation. De cette façon les mères sont plus prolifiques, plus fécondes, et donnent de meilleurs produits que si elles étaient trop grasses pendant le temps de la gestation.

Nous entretiendrons donc en moyenne trente mères truies, deux verrats et une dizaine de jeunes truies ou de jeunes mâles choisis qui seront vendus chaque année comme reproducteurs. Quant aux petits ils seront mis en vente vers l'âge de deux mois aussitôt après le sevrage, alors ils n'auront encore rien coûté et seront un revenu net pour l'exploitation.

Si nous comptons, pour ne pas fatiguer les mères, qu'elles donnent simplement en moyenne deux portées par an et si nous prenons un minimum de 6 porcelets par portée, cela nous fera donc 12 porcelets par an et par mère, et pour les 30 truies 360 porcelets. Retranchons en 60 pour les accidents qui pourraient survenir, il en reste donc 300 qui, estimés au plus bas prix de 20 fr., nous donneraient 6000 fr. par an. Si nous retranchons à cela 3000 fr. pour l'entretien des mères, il nous resterait encore un gain de de 3000 francs.

On voit donc que l'élevage du porc est certainement une excellente spéculation qui, lorsqu'elle est faite dans de bonnes conditions, peut rapporter grand bénéfice au cultivateur malgré la crise agricole qui règne aujourd'hui en France.

BASSE-COUR

Toute ferme doit avoir un certain nombre de poules. Occupées à chercher les grains perdus et les insectes, elles coûtent peu et leur produit est en grande partie du bénéfice net.

La basse-cour devra donc être composée d'un nombre de bêtes proportionné à l'étendue de la ferme et à la quantité de déchets et de mauvaises graines dont on dispose, car pour que les volailles rapportent il ne faut pas qu'on soit obligé de leur faire consommer des graines marchandes ; la dépense alors pourrait excéder le rapport.

La volaille entretenue dans la ferme servira surtout pour la consommation des jeunes poulets et afin d'avoir des œufs pour la nourriture du personnel.

La variété adoptée sera la poule de la Flèche. Elle est d'assez haute taille ; les poulets de cette race sont excellents à engraisser. Les poules sont bonnes pondeuses et couveuses médiocres, mais sur la quantité il en est toujours assez qui demandent à couver pour pouvoir s'entretenir facilement de poulets.

Quelques lapins, canards, dindons, oies et pigeons viendront aussi augmenter le nombre des animaux de la basse-cour.

QUESTION DE DROIT

1° Des champs que vous cultivez sont enclavés au milieu d'autres propriétés et n'ont pas d'issue sur la voie publique.

Comment obtiendrez-vous la faculté d'abord sur la voie publique?

Si, comme on le suppose dans la question de droit, nous possédons un fonds qui est entouré de tous côtés par des terrains appartenant à autrui, et qui par conséquent se trouvent ainsi à n'avoir pas d'issue, nous basant sur les articles 682 et 685 du code civil, nous avons la faculté de réclamer, moyennant indemnité proportionnée au dommage causé, un passage sur le voisin.

1° Ce passage doit, en principe, être pris du côté où le trajet est le plus court pour arriver sur la voie publique. Néanmoins, la loi veut qu'il soit fixé dans l'endroit le moins dommageable pour celui du fonds duquel il est accordé.

2° L'action en indemnité se prescrit par 30 ans, et, alors même qu'elle n'est plus recevable, le passage doit être continué.

Voici, d'après le code civil, les termes des articles me donnant droit.

Art. 682. — Le propriétaire dont les fonds sont enclavés et qui n'a sur la voie publique aucune issue ou qu'une issue insuffisante pour l'exploitation, soit agricole, soit industrielle de la propriété, peut réclamer un passage sur les fonds de ses voisins, à la charge d'une indemnité proportionnée au dommage qu'il peut occasionner.

Art. 585. — L'assiette et le mode de servitude de passage pour cause d'enclave sont déterminés par trente ans d'usage continu.

L'action en indemnité, dans le cas prévu par l'article 682.

est prescriptible, et le passage peut être continué, quoique l'action en indemnité ne soit plus recevable.

2° Vous voulez fixer par des bornes les limites de ces terres. Vos voisins se refusent à un bornage à l'amiable.

Avez-vous le droit de les contraindre ?

En cas d'affirmative quelle procédure suivrez-vous pour exercer ce droit ?

Ayant voulu borner un champ et mon voisin s'étant refusé à faire un bornage à l'amiable, nous avons été obligé de le contraindre, car aux termes de l'article 646 du code civil : « Tout propriétaire peut obliger son voisin au bornage de leurs propriétés contiguës. Le bornage se fait à frais communs. »

Mon voisin n'ayant pas voulu consentir à ce que le bornage ait lieu à l'amiable, nous avons donc eu soin de recourir à l'intervention du juge de paix de la situation de l'immeuble, qui a ordonné une expertise et statué, sauf appel devant le tribunal civil de l'arrondissement.

S'il y avait eu contestation sur la propriété, le juge de paix aurait cessé d'être compétent, et le litige aurait dû être porté devant le tribunal de première instance.

Si la propriété à limiter était voisine d'un bois ou d'une forêt de l'État, il faudrait se conformer aux articles 8 et 14 du code forestier qui disent :

« La séparation entre les bois et forêts de l'État et les propriétés riveraines pourra être requise, soit par l'administration forestière, soit par les propriétaires riverains » et que, « lorsque la séparation ou délimitation sera effectuée par un simple bornage, elle sera faite à frais communs.

« Lorsqu'elle sera effectuée par des fossés de clôture, ils seront exécutés aux frais de la partie requérante et pris en entier sur son terrain. »

TROISIÈME DIVISION

JARDIN (50 ARES)

> Encouragez cette culture ; on n'en fait
> pas assez, même où on en fait beaucoup.
>
> Jacques BUJAULT.

Le jardin de ferme est une partie importante de l'exploitation. En effet, quelles ressources n'offre-t-il pas? S'il est bien conduit, le cultivateur y trouve l'alimentation du ménage avec l'agrément de la vie rurale ; c'est toujours vers lui que l'on va; c'est toujours chez lui que l'on prend pour venir garnir la table de ses produits. Et cependant combien il est rare à la campagne de trouver un jardin bien tenu : c'est à peine si l'on consacre un mauvais carré à la culture des plantes potagères les plus grossières et des variétés sans aucun choix. En un mot, on est loin de retirer du jardin de la ferme tout le profit que l'on serait en droit d'en attendre si on y apportait les soins que réclame cette culture.

Un jardin conduit avec soin et intelligence produit des légumes de choix et des fruits les plus variés et les plus exquis pour l'usage de la maison d'abord, puis pour la vente.

C'est imbu de ces idées que le jardin actuel de la ferme, composé de 50 ares, sera arrangé et cultivé suivant les conseils de notre savant professeur d'horticulture M. Delaville, c'est-à-dire en nous basant sur les trois principes suivants :

1° Établir de nombreuses couches, tant pour obtenir certaines plantes qui prennent un grand accroissement dans ces conditions et des primeurs, que pour avoir la fumure la mieux appropriée à beaucoup de plantes potagères.

2° Varier les productions et établir des assolements raisonnés, à l'instar de ce qui se fait en grande culture.

3° N'adopter que des variétés parfaites ; n'employer que des semences très-pures et des plants bien choisis ; assurer la réussite par les soins de la transplantation.

JARDIN POTAGER

Le jardin potager, composé de 50 ares, est entouré de murs en parfait état. Le sol est riche, très-profond, sain et substantiel. Jusqu'à ce jour sa culture a été complètement négligée ; de là aucun profit. Aussi nous nous proposons de le faire défoncer ; ameublir et d'y mettre les amendements et les engrais que réclame cette délicate entreprise.

Pour réussir dans un jardin, il faut suivre un peu les principes de la grande culture, varier les productions et établir des assolements raisonnés ; pour cette raison nous adoptons l'assolement de 4 ans conseillé comme l'un des meilleurs.

1re Année. — Couche et pépinière de jeunes plants.

2e Année. — Avec le secours de paillis provenant de la démolition des couches tièdes, culture des végétaux les plus avides d'engrais : chou, poireau, pomme de terre, laitue, romaine, céleri, épinard, artichaut, chicorée sauvage.

3e Année. — Apport de terreau très abondant et culture des plantes qui exigent surtout beaucoup d'humus : carotte, oignon, panais, navet, fraisier, radis, tomate, endive, scarole.

4e Année. — Sans fumier ni terreau, mais avec application de cendres, culture des végétaux dont le produit manquerait souvent si le terrain était trop engraissé ; tels sont les pois, haricots, fèves, lentilles et tous les légumes destinés à procurer des semences.

Ces quatre soles seront égales ; mais il y aura un cinquième espace consacré aux asperges et aux artichauts.

PREMIÈRE SOLE

La première sole devant fournir les primeurs et les jeunes plants, ne se composera uniquement que de couches chaudes. Ce sont elles qui donnent les premiers résultats, leurs produits sont surtout avantageux et utiles au sortir de l'hiver ; on est heureux, à cette époque, de consommer des fruits et des légumes.

Les couches jumelles devant atteindre 12 à 15 degrés de température se font vers la mi-janvier jusqu'à la fin de février. La largeur doit être de 4^m90 sur une longueur indéfinie. La situation sera au nord du carré sur lequel on l'établit ; on met 5 à 6 chassis ou plus sur une surface bien nivelée.

Le premier recevra des carottes.

Pour avoir des produits gradués on ensème deux variétés, ce sont :

1° La carotte grelot ; 2° la carotte rouge hâtive à chassis.

On répand, par chassis de 1^m50, 8 grammes de graine de carottes. Avant cela on sème le radis hâtif à bout blanc ; on dame, on arrose, puis on ferme hermétiquement. Si les radis ne veulent pas sortir on met des paillassons.

Pour la deuxième saison on sème : 1° la carotte demilongue obtuse, 2° la carotte nantaise à bout obtus. Après cette opération on trace de petits rectangles dans lesquels se sèment les plantes suivantes :

Chou-fleur géant d'automne, qui donne les produits de

1m. de tour et brave la pluie et la sécheresse ; on le récolte en juillet et août.

Le chou Joanne hâtif.

Le chou de Milan très-hâtif et d'Ulm.

Le chou de Schwenfurth qui vient très-gros et doit être récolté avant que la pomme soit complètement formée, car il perdrait de ses qualités et deviendrait trop dur.

On peut aussi mettre des laitues, telles que : la laitue grosse brune normande, la laitue rousse hollandaise, la laitue palatine rousse ; on y ajoute pour l'été la romaine blonde maraîchère, la romaine alphonge et la romaine ballon dite de Bougival.

Lorsque les radis du premier chassis ont deux feuilles, on peut planter la pomme de terre hâtive Marjolin et, aussitôt les radis récoltés, les pommes de terre sont buttées et les tiges pincées à 0^{m}30 du sol ; on a ainsi des pommes de terre bonnes à manger de très-bonne heure.

Deuxième couche. — La deuxième couche ne possédant pas de chassis sera alors pourvue de cloches. Des buttes de terre de 0^{m}15 d'épaisseur seront déposées en cavalier, et la couche sera bordée par du fumier pailleux converti en torsades. Le sol ayant été bien nivelé, la moitié de la couche sera remplie de radis demi-longs à bout blanc et de roses écarlates.

Deux rangées de cloches disposées en damier seront placées sur cette couche après avoir été bien nettoyées, et sous chacune des cloches sera placée une romaine autour de laquelle se trouveront quatre laitues Georges ; enfin entre les cloches se trouveront des choux-fleurs. Les récoltes se succéderont ainsi : radis, laitues, romaines ; alors en avril lorsque les cloches seront retirées on aura des choux-fleurs en plein air.

Troisième couche. — A la troisième couche, comme précédemment, seront appliqués les torsades et les terreaux sur lesquels on plante tout ce qui a été semé sous châssis. Cette couche en plein air, ne recevant ni cloches ni châssis, sera alors pourvue de baguettes pliées en arc de cercle sur lesquelles on mettra des paillassons afin de garantir les jeunes plants de la gelée.

Lorsqu'en avril les couches sont usées, le fumier est ramené dans des sentiers en forme de buttes tous les 0m70 ; puis, après les avoir recouvertes d'une couche de terre de façon à ce qu'il y ait 0m18 de hauteur, on plante sur chaque mamelon quelques graines de melon que l'on recouvre d'un petit godet qui doit être enlevé tous les soirs afin d'éviter l'établissement des fourmilières. Tous les 0m65 seront intercalés des choux-fleurs dont la récolte se fera en automne, puis des chicorées se cueillant en décembre.

DEUXIÈME SOLE

La terre ayant été naturellement fumée par les paillis ayant servi dans la première sole, on cultivera cette deuxième année les plantes les plus avides d'engrais telles que : pommes de terre, choux, etc.

La terre ayant été bêchée en janvier il faut avoir soin de bien crocheter le sol avant de planter.

Les principales variétés à employer sont : la pomme de terre Marjolin hâtive, la Bresées et l'Early rose qui sont des plus précieuses pour une exploitation.

Dès que les pommes de terre sont plantées, le terrain est crocheté et ensemencé de radis ; six semaines après ils sont bons à manger. Aussitôt ces radis arrachés, les pommes de terre sont buttées.

Lorsqu'arrive juin, entre les rayons de pommes de terre sont placés des choux de Milan que l'on butte à mesure que l'on arrache les tubercules. Enfin lorsque les choux sont buttés les entre lignes sont occupés par des plantations de porreaux et de laitues.

TROISIÈME SOLE

Le terrain ayant reçu beaucoup de terreau sera occupé par des navets et des radis, et au mois d'octobre on y repiquera les choux d'Yorck et cœur-de-bœuf que l'on met en place au mois de février ; on les butte lorsque les radis et les navets sont arrachés.

En mai, dès que les choux sont enlevés on trace des rayons tous les o m. 50 et on met tous les o m. 12 sur la ligne, un jeune plant de céleri que l'on arrose et que l'on recouvre d'un léger paillis.

Dans les interlignes on peut mettre de la laitue qui est enlevée en octobre; c'est alors que le céleri est fortement butté.

QUATRIÈME SOLE

Le terrain ayant été assez enrichi par les cultures précédentes ne reçoit aucune fumure, on y met alors les végétaux les moins avides d'engrais, tels que : fèves, pois, haricots, etc.

QUESTION. — *Quelle est la culture de divers légumes que vous pourriez faire pour l'exploitation ?*

Outre les légumes dont j'ai parlé dans la culture du jardin potager, il en est un que j'ai l'intention de cultiver en assez grande quantité : c'est l'asperge dont je trouverai un débouché facile sur les marchés de Châteauroux.

Déjà depuis 6 ans 110 pieds d'asperge occupent la cinquième partie de mon jardin potager et me donnent depuis deux ans des pousses d'une grosseur remarquable.

Encouragé par ce premier succès et voyant que ce légume se plait beaucoup dans mes terres, cette année un jardin de 40 ares, parfaitement clos, se trouvant à quelques pas de la propriété, va être uniquement consacré à la culture de l'asperge pour l'exportation.

L'asperge *(asparagus officinalis)* est une plante disique, à racines vivaces, et appartenant à la famille des *asparaginées*. Originaire du Midi de la France et de l'Europe, elle est cultivée pour ses jeunes tiges qui offrent, au printemps, un excellent aliment très rafraîchissant.

Les variétés les plus recommandables sont : asperge d'*Argenteuil*, asperge *monstrueuse de Caillé*, asperge améliorée de *Gsizy*.

M. Schlienkamp, d'après ses analyses, a trouvé dans les asperges fraiches, sur 100 parties, 93.60 d'eau et 6.40 de matières solides fournissant 0.426 de cendres

100 parties de cendres renferment :

Potasse	19.28
Soude	1.92
Chaux	13.32
Magnésie	3.35
Peroxyde de fer	4.31
Protoxyde de manganèse	1.17
Chlorure de potassium	7.73
Acide phosphorique	15.45
Acide silicique	10.58
Acide sulfurique	6.27
Acide carbonique	10.81
Charbon	2.36
Sable	4.45
Total	**100.00**

On voit par ce tableau que l'asperge est une plante riche en potasse et en acide phosphorique. Elle se développe bien sous tous les climat de la France, mais elle préfère un terrain de consistance moyenne, plutôt léger que compact, substantiel, riche et profond.

Multiplication. — L'asperge se multiplie par graines. Les baies qui se sont formées sur le tiges les plus belles et que l'on a réservées parmi les plus précoces lors de la coupe des asperges, sont récoltées vers le mois de novembre, puis on les dépose dans un vase d'eau pour faire pourrir la pellicule ; quelques jours suffisent, on sépare alors la graine de la pulpe et on la met sécher pour être semée au printemps.

Les plants que l'on obtient de cette manière sont assurément très bons ; mais si l'on ne peu se munir de graines ou que l'on ne veuille pas attendre un an ou deux pour que le plan soit bon à mettre en place, on peut en acheter chez les maraîchers, mais il faut avoir soin de réclamer du plant d'un an.

On reconnait que le plant d'asperge a un an, quand le milieu de la couronne est rempli de boutons qui ne laissent pas assez de place pour y mettre 1 doigt, e quand les racines ont du chevelu jusqu'à leur naissance.

Plantation. — Après avoir fumé et bien défoncé le sol on procède à la plantation en février ou mars. On a eu soin de tracer les lignes à une distance de 1^m30 de manière que les asperges rayonnen. dans tous les sens. On fait alors à chaque intersection des rayons, des trous de 0^m50 de largeur et 0^m15 de profondeur, puis au milieu de ces trous est placé un tuteur auquel on fait un petit cône de terre ayant 0^m20 de base et 0^m10 de hauteur, et c'est enfin sur ce petit cône que l'on dépose le plant de manière à ce que ses racines rayonnent bien en tous sens. Le plant ayant été recouvert de 0^m05 de terreau on remplit le reste de la jauge, avec de la terre de berge.

Sur les ados, qu'on a préalablement nivelés, on peut cultiver des pommes de terre hâtives, des choux, des haricots, etc. Ce n'est guère que vers la troisième année qui suit la plantation que l'asperge commence à donner quelques *turions*, mais il faut avoir soin d'en retirer très peu cette première année de récolte afin de permettre aux plantes de compléter leur développement.

Culture d'Été. — La récolte des asperges ne doit pas dépasser la mi-juin pour les petits turions et la fin du même mois pour les gros.

Au commencement du mois de juillet, à l'aide d'un bident on crochette la terre des lignes à 0^m03 ou 0^m04 ; sur le sillon on répand un peu de sel et 0^m02 à 0^m03 de gadoues ; puis on arrose avec du purin étendu de moitié eau. On débutte les couronnes que l'on recouvre de quelques centimètres de gadoues et de 100 grammes de sel par grieffe.

Il faut aussi avoir soin de couper les surbois afin que le vent ait moins de prise sur les tiges ,puis on lie avec un lien de paille, on peut même au besoin y mettre un tuteur.

C'est aussi le moment de détruire le cryocère de l'asperge qui quelquefois ronge les pousses d'une manière désastreuse. Pour cela il ne s'agit que de secouer les tiges au-dessus d'une cloche de jardin et le cryocère tombe parfaitement dedans.

Culture d'automne. — Lorsque les tiges sont jaunes et desséchées on les coupe à 0^m30 environ du sol ; ensuite on détruit les mauvaises herbes, on met une épaisseur de 0^m02 à 0^m03 de gadoues ou de fumier bien décomposé et on crochette brusquement les ados sans casser les mottes.

Pour éviter les dégâts de la gelée on recouvre de fumier afin de concentrer la chaleur.

C'est alors qu'on détache les baies des tiges que l'on a coupées afin de pouvoir conserver la graine comme nous l'avons expliqué précédemment.

Culture de printemps. — Dès que les turions commencent à se montrer, il faut avoir soin, après avoir dégagé les yeux de la couronne, de butter fortement chaque pied afin de favoriser le développement des tiges. On se sert ordinairement, pour butter, de la terre des berges, à laquelle on ajoute le terreau ou le sable pour la rendre légère et pour que l'asperge puisse percer cette couche sans trop de résistance.

Par cette culture bien entendue, la production de l'asperge devient rémunératrice et peut donner pendant de longues années un produit brut annuel de 4 à 5000 fr. Un compte détaillé pourrait nous en fournir la preuve.

COMPTABILITÉ

> Un cultivateur qui néglige ce puissant
> moyen d'émulation marche au hasard,
> souvent il s'égare, et après bien des fatigues
> et des ennuis il aboutit trop souvent à une
> ruine complète.

La comptabilité agricole est l'art de tenir avec ordre et méthode les comptes d'une exploitation rurale.

En agriculture il est indispensable de se rendre un compte exact de ses dépenses, de ses recettes, de ses bénéfices, de ses pertes. Malheureusement, de nos jours un trop grand nombre de cultivateurs négligent ce point essentiel et marchent à l'aventure sans se rendre compte si la méthode qu'ils suivent est bonne ou si elle est défectueuse ; trop souvent, hélas ! cette négligence les conduit à une ruine complète.

Il est de fait qu'une comptabilité bien exacte et bien suivie est aussi nécessaire à l'agriculture qu'à l'industriel ou au commerçant ; car non seulement le cultivateur produit la matière première, mais encore il achète comme le commerçant, il transforme plusieurs fois ses produits comme l'industriel avant de les convertir en argent ; il est donc à la fois producteur, industriel, commerçant.

Cependant, hâtons-nous de le dire, la méthode de comptabilité en agriculture doit être simple et facile, car l'agriculteur n'a que peu de temps à lui consacrer et la nature de ses occupations ne lui fait guère aimer les longues écritures.

C'est pour cette dernière raison que dans beaucoup d'exploitations on n'emploie guère que deux livres : *un brouillard* ou main courante et un autre que l'on peut appeler *journal* sur lequel on transcrit les opérations du brouillard.

Ces livres ne fournissent que des renseignements tout à fait incomplets sur chaque branche de l'exploitation. Aussi, un domaine bien géré exige-t-il d'autres registres qui mettent le cultivateur au courant de l'emploi de toutes les valeurs dont il dispose.

D'après les meilleurs praticiens nous admettrons :

1° Livre des inventaires.

2° Brouillard, agenda ou main-courante.

3° Journal.

4° Grand-Livre.

Il est aussi utile d'avoir un petit carnet pour chaque branche de l'exploitation.

L'Inventaire est l'estimation en argent de tout ce que le cultivateur emploie pour l'exploitation du domaine.

C'est la première et la plus importante opération de la comptabilité agricole ; car l'inventaire peut rigoureusement suffire pour établir l'état financier du cultivateur à la fin de l'année agricole. Cependant, malgré son utilité, malgré sa valeur incontestable, il ne suffit pas au cultivateur qui veut se rendre un compte exact de ses opérations puisqu'il ne donne aucun indice sur ce qui a mis le cultivateur en gain ou en perte.

Il comprend deux parties principales :

L'Actif où est compris tout ce que possède le cultivateur, tels que : argent en caisse, mobilier d'exploitation, denrées en magasin, etc.

Le *Passif* où se trouve tout ce qu'il doit.

Le *Brouillard* est un registre sur lequel on inscrit à la suite, et à mesure qu'elles se produisent, toutes les opérations qui ont eu lieu dans l'exploitation : ventes, achats, paiements, recettes ; quantité de lait, de beurre, etc. ; nourriture, travaux des attelages, des ouvriers, etc.

Le *Journal* est le principal livre de la comptabilité agricole, car il peut donner à chaque instant la situation.

Le *Grand-Livre* est formé de comptes séparés dont l'immeuble constitue la totalité des opérations de la ferme. Il est folioté comme le livre auxiliaire de caisse ; la page droite porte le même numéro que la page gauche ; d'un côté à gauche se trouve le débit, de l'autre le crédit.

Maintenant que nous avons énuméré les livres dont nous nous servirons, nous allons, sans entrer dans d'autres détails de comptabilité, faire les comptes de culture et d'animaux qui nous feront voir les avantages ou les défauts de l'assolement et du système de culture adopté, en donnant les résultats qu'il nous sera permis d'espérer au bout de 5 ans ainsi qu'il est convenu dans notre projet de thèse.

Première Sole. — BETTERAVES ET CAROTTES (5 hectares)

DÉBIT	F.	C.	CRÉDIT	F.	C.
Location 50 fr. par hectare.............	200	» »	200,000 kilogr. de racines fourragères à 15 fr. les 00/00 kilogr.................	3000	» »
Impôts........................	40	» »	10,000 kilogr. de feuilles par hectare rendues à la terre et équivalent à 1/4 de 30,000 kilogr. de fumier (Girardin) à 75 fr. soit 75×4 =............		
Fumier, 24,000 kilog. à 10 fr.; deux tiers sont absorbés pour les betteraves ou 160000 $\times$ 10 = 1600 fr.............	1600	» »		300	» »
Deux labours à 25 fr. l'un...........	200	» »			
Hersages et roulages à 20 fr.........	100	» »			
Binages et sarclages, 70 fr. l'hectare.....	280	» »			
Arrachage, transport et emmagasinage à 45 fr. l'hectare..................	180	» »	TOTAL...........	3300	» »
Frais généraux...................	120	» »			
Intérêt à 5 p. o/o des capitaux avancés...	164	» »	*BALANCE :*		
			Total du produit................	3300	» »
			Total des dépenses..............	2884	» »
TOTAL..........	2884	» »			
			Différence........	416	» »

Bénéfice net 416 fr.

Soit par hectare $\dfrac{416 \text{ fr.}}{4}$ = 104 fr. 00

Première Sole. — POMMES DE TERRE (3 hectares)

DÉBIT	F.	C.	CRÉDIT	F.	C.
Location......................	150	» »	54.000 kilogr. de pommes de terre à 3 fr. les 100 kilogr......................	1890	» »
Impôts.......................	30	» »			
Fumier ; 35000 kilogr. à l'hectare soit 105.000 kilogr. dont 2/3 d'absorbés ou 70.000 kilogr. à 10 fr. le oo/oo tout compris......................	700	» »	*BALANCE :*		
Semence : 25 hectol. à l'hectare ou 75 à 5 f.	375	» »			
Frais de plantation............	20	» »	Total du produit............	1890	» »
Hersage......................	12	» »	Total des dépenses...........	1650	60
Binages à la houe à cheval......	10	» »			
Buttage......................	20	» »			
Arrachage, transport et emmagasinage, à 55 fr. l'hectare 55 × 3 = ...	165	» »	*Différence*........	239	40
Frais généraux................	90	» »			
Intérêts à 5 p. o/o des capitaux avancés.	78	C0			
TOTAL.........	1650	60	Bénéfice net 239 fr. 40 Soit par hectare $\frac{239 \text{ fr. } 40}{3} = 79$ fr. 80		

Première Sole. — TRÉFLE INCARNAT (1 hectare 50)

DÉBIT	F.	C.	CRÉDIT	F.	C.
Location	75	»	Fourrage vert équivalent à 6,000 kilog. de foin à 70 fr. les 1000 kilog	420	» »
Impôts	15	» »			
Fumier absorbé 7,500 kilog	75	» »			
Un déchaumage à 15 fr l'hectare	22	50			
Semence, 12 kilogr. à l'hectare × 1.5 = 18 kilog à 1 fr. 50 le kilogr	27	» »	*BALANCE :*		
Frais de semence	7	50			
Hersages	9	» »	Total du produit	420	» »
Roulage	3	» »	Total des dépenses	334	10
Fauchage en vert et transport à l'étable, 20 fr. par hectare	30	» »			
Frais imprévus	54	» »			
Intérêt à 5 o/o des capitaux avancés	16	10	*Différence*	85	90
TOTAL	334	10			

Bénéfice net 85 fr. 90

Soit par hectare 85 90 : 57 26
1.50

Première Sole. — PRAIRIE ANNUELLE (1 hectare 50)

DÉBIT	F.	C.	CRÉDIT	F.	C.
Location.............................	75	» »	Fourrage vert équivalent à 6500 kilog. de foin à 70 fr. pour les 1000 kilog........	455	» »
Impôts..............................	15	» »			
Fumier absorbé......................	79	50			
Un labour à 25 fr....................	37	50			
Un coup d'extirpateur................	15	» »	*BALANCE :*		
Semence............................	45	» »			
Frais de semence....................	10	» »	Total du produit.................	455	» »
Roulage............................	3	» »	Total des dépenses..............	368	55
Fauchage en vert et transport à l'étable, à 20 fr. l'hectare..................	30	« «			
Frais divers imprévus...............	50	« «			
Intérêt 5 o/o des capitaux avancés.......	17	55	*Différence*........	86	45
TOTAL..........	368	55			

Bénéfice net. 86ᶠ45
Soit par hectare, 86 fr. 45 = 57 fr. 60

1.50

Deuxième Sole. — BLÉ. (9 hectares 1/2)

DÉBIT	F.	C.	CRÉDIT	F.	C.
Location 50 fr. à l'hectare.............	475	» »	20 hectolitres à l'hectare à 18 fr. l'hectol.		
Impôts 1/10.............	95	» »	soit 190 $\times$ 18.....................	3420	» »
Fumier absorbé 16000 k. à l'hect. soit			3720 kilogr de paille à l'hectare, soit		
152000 k. à 10 fr. les 00/00...........	1520	» »	3720 $\times$ 9.5 = 35340 kilogr. à 45 fr les		
Un labour à 25 fr.....................	237	50	1000 kilogr.....................	1590	30
Semence 2 h. 25 à l'hect. soit 21 h. 35 à					
25 fr. l'hectolitre.....................	533	75	TOTAL.............	5010	30
Frais de semence à la volée 2 fr. par hect.					
soit pour 9 1/2.....................	19	» »			
Trois hersages à 3 fr. l'un.............	85	50			
Un hersage au printemps.............	28	50	BALANCE :		
100 kil. de sulfate d'ammoniaque sur 9					
h. 1/2 à 40 fr. les 100 kilogr.........	380	» »	Total du produit.............	5010	30
Un roulage à 2 fr.....................	19	» »	Total des dépenses.............	4618	35
Echardonnage. 3 fr. à l'hectare.........	28	50			
Moisson à la faulx. bottelage compris					
à 40 fr.....................	380	» »	*Différence*.........	391	95
Transport à 5 fr. par hectare.........	47	50			
Battage et nettoyage des grains. 40 fr.					
le 00/00 pour 7790.....................	311	60	Bénéfice net. 391 fr. 95		
Frais imprévus.....................	237	50	Soit par hectare. 391 fr. 95 = 41 f. 25		
Intérêt des capitaux avancés.............	220	» »	9.50		
TOTAL.............	4618	35			

Deuxième Sole. — SEIGLE, (1|2 hectare)

DÉBIT	F.	C.	CRÉDIT	F.	C.
Location..........................	25	» »	12 hectolitres à 15 fr. l'hectolitre........	180	» »
Impôts............................	5	» »	1500 kilogr. de paille à 50 fr. les 1000		
Fumier 7000 kilogr. à 10 fr. les 1000 kil..	70	» »	kilogr............................	75	» »
Un labour à 25 fr. l'hectare............	12	50			
Semence, 2 hectol. à 17 fr.............	34	» »			
Frais de semence....................	3	» »	TOTAL............	255	» »
Trois hersages à 3 fr. l'hectare........	5	» »			
Roulage au printemps................	2	» »			
Échardonnage......................	3	» »			
Moisson, bottelage et endizelage compris			BALANCE :		
à 40 fr. de l'hectare................	20	» »			
Transport..........................	2	50	Total des produits................	255	» »
Battage, nettoyage des grains, un homme			Total des dépenses..............	219	» »
pour 100 bottes par jour à 4 fr. : par					
300 gerbes......................	12	» »			
Frais imprévus......................	15	» »	Différence........	36	» »
Intérêt des capitaux avancés...........	10	45			
TOTAL............	219	45	Bénéfice net, 36 fr.		
			Soit par hectare, 72 fr.		

Troisième et sixième Sole. — AVOINE. (20 hectares)

DÉBIT	F.	C.	CRÉDIT	F.	C.
Location............................	1000	» »	32 hectolitres de grains à l'hectare, soit		
Impôts..............................	130	» »	640 hectolitres à 10 fr. l'hectolitres....	6400	» »
Fumier absorbé, 1300 kilog. à l'hectare			59.200 kilog. de paille à 40 fr. les 1000 kil.	2368	» »
soit 260.000 kilog. à 10 fr. les 1000 kilog.	2600	» »			
Un déchaumage sur 10 hectares........	100	» »	TOTAL............	8768	» »
Un labour à 25 fr.....................	500	» »			
Semence, 3f50 à l'hectare soit 70h à 10 fr.					
l'hectolitre......................	700	» »			
Frais de semence, 5 fr. l'hectare........	100	» »	BALANCE :		
Trois hersages à 3 fr. l'un.............	180	» »			
Un roulage à 2 fr.....................	40	» »	Total du produit....................	8768	» »
Echardonnage à 3 fr..................	60	» »	Total des dépenses.................	7641	90
Moisson à la faulx, bottelage et endizelage					
à 40 fr.........................	800	» »			
Transport à 4 fr. par hectare...........	80	» »	Différence........	1126	10
Battage, nettoyage des grains à 35 fr le					
1000, sur 740 bottes à l'hectare soit					
14.800.........................	518	» »	Bénéfice net 1126 fr. 10		
Frais imprévus.......................	500	» »	Soit, par hectare 1126 fr. 10 = 56 fr. 30		
Intérêt des capitaux avancés...........	363	90	20		
TOTAL............	7641	90			

Quatrième et Cinquième Sole. — PRAIRIES ARTIFICIELLES (20 hectares).

DÉBIT	F.	C.	CRÉDIT	F.	C.
Location..........................	1000	» »	5300 kilog. à l'hectare soit pour 20 hectares 106,000 kilog. à 65 fr. les 1000 kil.	6890	» »
Impôts...........................	200	» »			
Fumier absorbé, environ 50 fr. par hectare	1000	» »			
Labour 25 fr. par hectare	500	» »			
Hersage à 3 fr.....................	60	» »	*BALANCE :*		
Semence 4 hect. 50 à l'hectare soit pour 20 hectares, 90 hectolitres à 17 fr. l'hectolitre......	1530	» »	Total du produit	6890	» »
Hersage à 3 fr. par hectare.........	60	» »	Total des dépenses	5869	50
Roulage à 2 fr. par hectare.........	40	» »			
Chaulage et plâtrage	100	» »			
Épandage des taupinières	60	» »			
Fauchage à la machine et amortissement soit 12 fr. par hectare.........	240	» »	*Différence.........*	1020	50
Fanage et mise en meule à 15 fr. l'hectare	300	» »			
Transport et emmagasinage...........	200	» »			
Frais imprévus.....................	360	» »	Bénéfice net 1020 fr. 50		
Intérêt des capitaux avancés...........	279	50	Soit. par hectare 1020 fr. 50 = 51 fr. 00		
			20		
TOTAL............	5869	50			

PRAIRIES NATURELLES — (14 hectares)

DÉBIT	F.	C.	CRÉDIT	F.	C.
Location	700	» »	Fourrage équivalent à 4000 kil. de foin à l'hect. soit pour 14 hectares 56000 kilogr. valant 70 fr. les 1000 kilogr.	3930	» »
Impôts	140	» »			
Intérêt 5 o/o des frais de création de 10 hectares qui se sont montés à 4000 fr. soit	200	» »			
Fumier compost	1600	» »	BALANCE :		
Hersage à 3 fr.	42	» »			
Épandage des taupinières, 2 fr.	28	» »			
Frais généraux d'entretien	200	» »	Total du produit	3920	» »
Intérêt des capitaux avancés	145	50	Total des dépenses	3055	50
TOTAL	3055	50	Différence	864	50

Bénéfice net, 864 fr. 50

Soit par hectare, 864 fr. 50 = 61 fr. 75

14

COMPTE DU JARDIN POTAGER (70 ares)

DÉBIT	F.	C.	CRÉDIT	F.	C.
Location...........................	40	» »	Pommes de terre 20 hectolitres à 8 fr. l'hectolitre......................	160	» »
Impôts.............................	4	» »	Choux 2000 pommes à o fr. 10..........	200	» »
Fumier............................	400	» »	1400 bottes d'asperges à 1 fr.	1400	» »
Culture et entretien...............	450	» »	1000 têtes d'artichauds à o fr. 10.......	100	» »
Frais des carrés d'asperges..........	600	» »	Salades 500 pommes à o fr. 03.........	15	» »
Amortissement du matériel..........	80	» »	Poireaux, carottes.................	30	» »
Diverses graines, frais imprévus.......	100	» »	6 hectolitres de haricots à 30 fr........	180	» »
Intérêt 5 o/o des capitaux avancés......	83	70	Pois, fèves, radis..................	100	» »
			Produits divers	40	» »
TOTAL.............	1757	70	TOTAL..........	2225	» »

BALANCE :

	F.	C.
Total du produit..................	2225	» »
Total des dépenses................	1757	70
Différence..........	467	50

Bénéfice net 467 fr. 30

RÉCAPITULATION DES COMPTES DE CULTURE

DÉBIT	F.	C.	CRÉDIT	F.	C.
Betteraves	2887	»»	Betteraves	3300	»»
Pommes de terre	1650	60	Pommes de terre	1890	»
Trèfle incarnat	334	10	Trèfle incarnat	420	»»
Prairie annuelle	368	55	Prairie annuelle	455	»»
Blé	4618	35	Blé	5010	30
Seigle	219	45	Seigle	255	»»
Avoines	7644	90	Avoines	8768	»»
Prairies artificielles	5869	50	Prairies artificielles	6890	»»
Prairie naturelles	3055	50	Prairies naturelles	3920	»»
Jardin Potager	1757	70	Jardin potager	2225	»»
TOTAL	28399	65	TOTAL	33133	30

BALANCE

	F.	C.
Total des produit	33133	30
Total des dépenses	28399	65
Différence	4733	65

Bénéfice net 4.733 fr. 65

COMPTE DE L'ÉCURIE (2 juments)

DÉBIT	F.	C.	CRÉDIT	F.	C.
Sainfoin 12 kilog. par jour, pour 365 jours 4380 kilog. à 65 fr. les 1000 kilog....................	284	70	Un poulain par an, estimé.............	200	» »
Paille 10 kilog. par jour, pour 365 jours, 3650 kilog, à 40 fr. les 1000 kilog....................	142	» »	En admettant qu'un cheval donne pour 80 fr. de fumier par an, soit 80 × 2 =.	160	» »
Avoine 6 litres par jour, pour 365 jours 2190 litres à 10 fr. l'hectolitre.	219	» »	TOTAL..........	360	» »
Son, recoupes, divers..............	100	» »			
Amortissement du prix d'achat des juments (2000), réparti sur 8 années...	250	» »	BALANCE :		
Harnais, entretien et amortissement.....	210	» »	Total des dépenses..............	1455	70
Vétérinaire, risques, ferrure...........	50	» »	Total du produit................	360	» »
Entretien et intérêt du matériel........	200	» »	Différence..........	1095	70
TOTAL..........	1455	70			

NOURRITURE (accolade regroupant les lignes Sainfoin, Paille, Avoine, Son)

Soit une dépense de 1095 fr. 70 et par bête 547 fr. 85.

En admettant 150 jours de travaux, la journée de travail revient à $\frac{547 \text{ fr. } 85}{150}$

ou 3 fr. 65 pour un cheval et 7 fr. 30 pour deux.

COMPTE DE BOUVERIE (12 bœufs)

DÉBIT	F.	C.
La nourriture se composant suivant la saison de pailles d'avoine, son, fourrages verts, secs, racines, tourteaux et autres résidus, revient à environ 1 fr. 35 par jour et par tête, soit pour 365 jours 365 × 1 fr. 35 = 492 fr. 75 et pour 12 bœufs 492 fr. 75 × 12 = ...	5913	» »
Vétérinaire, risques, ferrure.............	250	» »
Entretien et intérêt du matériel.........	600	» »
Deux bouviers { gages 400 chacun	800	» »
{ nourriture	1000	» »
TOTAL..........	8563	» »

CRÉDIT	F.	C.
Vente à la fin de l'année de deux bœufs qui ont travaillé modérément et ont été ensuite engraissés...............	800	» »
Ces bœufs sont remplacés par deux jeunes élevés dans la ferme.		

BALANCE :

	F.	C.
Total des dépenses	8563	» »
Total du produit................	800	» »
Différence...........	7763	» »

Dépense 7763 fr. et par bœuf $\frac{7763 \text{ fr.}}{12}$ = 646 fr. 90.

En admettant 280 jours de travail, la journée d'un bœuf revient à $\frac{646 \text{ fr. } 90}{280}$ = 2 fr. 31.

RÉSUMÉ DU COMPTE DES ANIMAUX DE TRAVAIL

DÉBIT	F.	C	CRÉDIT	F.	C.
Juments..........................	1455	70	Juments..........................	360	»»
Bœufs..........................	8563	»»	Bœufs..........................	800	»»
			TOTAL..........	1160	»»
TOTAL..........	10018	70	*BALANCE :*		
			Total des dépenses..............	10018	70
			Total du produit................	1160	»»
			Différence..........	8858	70

Cette somme de 8858 fr. 70 est répartie sur tous les travaux que nécessitent les cultures de l'assolement ; elle a donc déjà été comptée précédemment, aussi elle ne doit pas rentrer au bilan, si elle a été calculée ce n'est simplement qu'à titre de renseignement afin de connaître le prix de revient de la journée de travail.

COMPTE DE LA VACHERIE. (18 Têtes)

DÉBIT	F.	C.
Foin 10 kilogr. ou équivalent en racines, etc., par jour et par tête : pour 300 jours de nourriture à l'étable et pour 18 têtes, 54.000 kil à 70 fr. les 1000 kilogr..............	3780	»»
Vétérinaire, médicaments..............	150	»»
Amortissement du matériel servant à la vacherie..............	50	»»
Frais divers..............	50	»»
Un vacher { Gages..............	200	»»
{ Nourriture..............	300	»»
TOTAL..............	4530	»»

CRÉDIT	F.	C.
14 vaches donnant chaque année des veaux dont les 4 plus beaux sont élevés pour remplacer les deux plus vieilles vaches et les plus vieux bœufs de l'étable qui sont engraissés et vendus. Les 10 autres veaux sont élevés jusqu'à l'âge de 2 mois 1/2 et vendus en moyenne 110 fr. pièce..............	1100	
Après le sevrage les vaches donnant environ 5 litres de lait très butyreux pendant 200 jours, soit 1000 litres par vache me fournissant 50 kilog. de beurre vendu 3 fr. le kilogr. soit 150 fr. et pour 18..............	2700	»»»
Vente de 2 vaches grasses..............	840	»»
80 saillies à 3 fr..............	240	»
TOTAL..............	4840	»»

BALANCE :

	F.	C.
Total du produit..............	4840	»»
Total des dépenses..............	4530	»»»
Différence..............	310	»»»

Bénéfice net de la vacherie, 310 fr. 00

COMPTE DE LA PORCHERIE (35 Bêtes)

DÉBIT	F.	C.	*CRÉDIT*	F.	C.
Outre les déchets de laiterie qui sont donnés aux truies, j'estime qu'une truie me coûte en pommes de terre, betteraves et déchets divers 92 fr. par an soit pour 35............................	3250	»»	Si nous comptons deux portées par an de six porcelets par portée cela fait 12 par an et par mère soit pour 30 mères $12 \times 30 = 360$ porcelets ; retranchons-en encore 60 pour les accidents, on aura 300 porcelets à 20 fr..............	6000	»»
Amortissement du matériel..............	50	»»	Vente de cinq animaux reproducteurs à 50 fr. l'un..............................	250	»»
Intérêt du prix d'achat................	240	»»			
Frais généraux........................	100	»»	TOTAL............	6250	»»
Une porchère) Gages.................	250	»»			
(Nourriture............	300	»»			
TOTAL............	4190	»»	*BALANCE :*		
			Total du produit................	6250	»»
			Total des dépenses..............	4190	»»
			Différence :	2060	»»

Bénéfice net. 2060 fr.

Soit par bête $\dfrac{2060 \text{ fr.}}{30} = 68$ fr. 70

COMPTE DE LA BERGERIE (200 bêtes)

DÉBIT	F.	C.
Les brebis vont paître pendant une grande partie de l'année. Lorsqu'elles restent à l'étable elles sont nourries en grande partie avec de la feuillée, de la paille et un peu de foin. Nous pouvons cependant estimer les frais de nourriture à 8 fr. par tête soit 200×8	1600	»»
Amortissement du matériel.............	100	»»
Intérêt du prix d'achat...............	200	»»
Frais généraux..................	100	»»
Une bergère { gages.............	150	»»
{ nourriture.............	300	»»
TOTAL..........	2450	»»

CRÉDIT	F.	C.
Vente de 65 agneaux gris à 27 fr........	1755	»»
Vente de 2 béliers d'un an à 50 fr.......	100	»»
Vente de 30 vieilles mères à 30 fr.......	900	»»
TOTAL...........	2755	»»

BALANCE :

	F.	C.
Total du produit..............	2450	»»
Total des dépenses.............	2755	»»
Différence..........	305	»»

Bénéfice net 305 fr.

COMPTE DE LA BASSE-COUR

DÉBIT	F.	C.	*CRÉDIT*	F.	C.
20 hectolitres de criblures ou petit blé à 10 fr..................	200	»»	120 poulets à 1 fr. 50................	180	»»
Son, pâtée, pommes de terre cuites.....	100	»»	Œufs................	80	»»
Soins divers..................	50	»»	30 canards à 2 fr.....................	60	»»
Foin, herbes pour les lapins..............	100	»»	10 oies à 6 fr...................	60	»»
			60 lapereaux à 2 fr....................	120	»»
			TOTAL.........	500	»»
TOTAL.........	450	»»			
			BALANCE :		
			Total du produit...............	500	»»
			Total des dépenses.............	450	»»
			Différence..........	50	»»
			Bénéfice net 50 fr.		

RÉCAPITULATION DES ANIMAUX DE RENTE

DÉBIT	F.	D.	CRÉDIT	F.	C.
Vacherie	4530	»	Vacherie	4840	»
Porcherie	4190	»	Porcherie	6250	»
Bergerie	2450	»	Bergerie	2755	»
Basse-cour	450	»	Basse-cour	500	»
TOTAL	11620	»»	TOTAL	14345	»

BALANCE :

Total du produit	14345	»
Total des dépenses	11620	»
Différence	2725	»»»

Bénéfice net, 2.725 fr.

BILAN

DÉBIT	F.	C.	CRÉDIT	F.	C.
Compte des cultures...................	28399	65	Compte des cultures..................	33133	30
Compte des animaux..................	11620	»»	Compte des animaux.................	14345	»»
TOTAL..........	40019	65	TOTAL..........	47478	30

BALANCE :

	F.	C.
Total des produits	47478	30
Total des dépenses.............	40019	65
Différence..........	7458	65

Bénéfice net. 7458 fr. 65

RÉSULTAT

J'ai adopté un système de culture, j'ai cherché à en démontrer les avantages, à en faire connaître les ressources pour l'élevage des bestiaux et l'amélioration des terres, but que doit viser tout homme qui aime son pays, car depuis trop longtemps la France est tributaire de l'étranger. Ne pourrions-nous pas alléger cette charge par un élevage intelligent et une culture bien conduite ? Si je me livre à cette idée, c'est que je suis persuadé que je pourrai en déduire des conséquences fécondes pour mon propre avantage et pour celui de la Patrie.

Les comptes que je viens de fixer me montrent les résultats que mon système de culture m'a permis d'obtenir au bout d'une année.

Pour arriver a ce but, j'ai dû condenser les principales opérations culturales, estimer la main-d'œuvre, les divers frais qu'elles semblent devoir nécessiter, et enfin les bénéfices plus ou moins certains que je suis en droit d'en attendre.

Or les résultats obtenus sont de 7468 fr. 65 par an ; en admettant que sur cinq années il y en ait une de mauvaise, ce bénéfice ou résultat serait diminué d'un cinquième et serait réduit à $7,468,65 \times \frac{4}{5} = 5774$ fr. 92 et au bout de 5 ans je pourrai donc espérer un bénéfice de 29874 fr. 60

CONCLUSION

Le modeste travail que j'ai soumis à votre appréciation, Messieurs, est sans doute bien imparfait. Une thèse agricole est une entreprise sérieuse qui demande une compétence qu'une longue expérience peut seule donner.

Cependant, confiant dans la bienveillance de mes juges, je me suis mis courageusement à l'œuvre.

Dans ce travail, je me suis attaché à suivre les principes, les méthodes préconisés par mes maitres. Je ne pouvais puiser à meilleure source. Quel que soit le résultat de vos appréciations, je ne regrettrai pas le temps consacré à cet important travail, les recherches que j'ai faites ; les discussions scientifiques, économiques et zootechniques auxquelles je me suis livré ont augmenté mon petit bagage de connaissances agricoles.

Toute ma vie je me reporterai aux jours heureux, où dirigé par des maitres sages et dévoués, en compagnie d'aimables condisciples, je me suis préparé aux luttes de l'avenir par une provision de science, d'énergie, de courage.

Ma tâche est achevée, j'ai mis tous mes soins, toute ma bonne volonté. Je confie le résultat du présent et de l'avenir à la Providence divine qui gouverne tout en ce monde et distribue ses dons selon le mérite de chacun.

TABLE DES MATIÈRES

TROISIÈME PARTIE

FIN DE LA TABLE DES MATIÈRES

AUBUSSON. — IMPRIMERIE HENRI BOUCHARDEAU, 85, GRANDE RUE

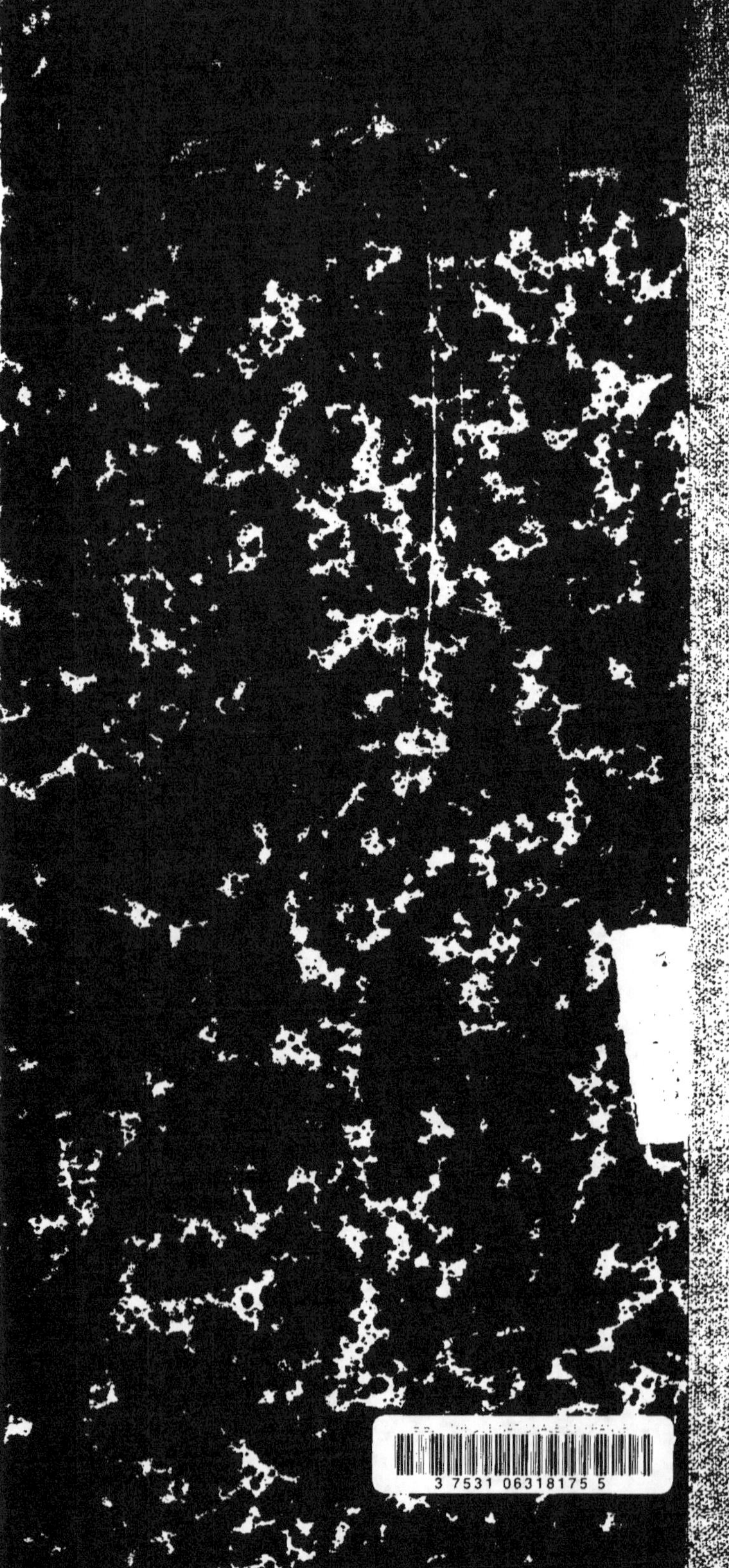

3 7531 06318175 5